LÉGISLATION INDUSTRIELLE.

RECUEIL

DE

LOIS, DÉCRETS ET ORDONNANCES

SUR

LES BREVETS D'INVENTION,

LES ATELIERS ET MANUFACTURES

QUI RÉPANDENT UNE ODEUR INSALUBRE OU INCOMMODE.

PRIX : 2 f. 50 c.

PARIS,

MADAME HUZARD (NÉE VALLAT LA CHAPELLE),

RUE DE L'ÉPERON, N°. 7.

1831.

Extrait du *Bulletin* de la Société d'Encouragement pour l'Industrie nationale
(Année 1831).

TABLE.

BREVETS D'INVENTION.

ATELIERS ET MANUFACTURES.

LÉGISLATION INDUSTRIELLE.

LOIS ET DÉCRETS

SUR

LES BREVETS D'INVENTION.

Loi relative aux découvertes utiles et aux moyens d'en assurer la propriété aux auteurs.

Donnée, à Paris, le 7 janvier 1791.

Louis, par la grace de Dieu et par la loi constitutionnelle de l'État, Roi des Français; à tous présens et à venir, salut.

L'Assemblée nationale a décrété, et nous voulons et ordonnons ce qui suit :

Décret de l'Assemblée nationale, du 31 *décembre* 1790.

L'Assemblée nationale, considérant que toute idée nouvelle dont la manifestation ou le développement peut devenir utile à la société appartient primitivement à celui qui l'a conçue, et que ce serait attaquer les *droits de l'homme* dans leur essence, que de ne pas regarder une *découverte industrielle* comme la propriété de son auteur;

Considérant en même temps combien le défaut d'une déclaration positive et authentique de cette vérité peut avoir contribué jusqu'à présent à décourager l'industrie française, en occasionant l'émigration de plusieurs artistes distingués, et en faisant passer à l'étranger un grand nombre d'inventions nouvelles, dont cet empire aurait dû tirer les premiers avantages;

Considérant, enfin, que tous les principes de justice, d'ordre public et d'intérêt national lui commandent impérieusement de fixer désormais l'opinion des citoyens français sur ce genre de propriété, par une loi qui la consacre et qui la protége;

Décrète ce qui suit :

Art. 1er. Toute découverte ou nouvelle invention, dans tous les genres d'industrie, est la propriété de son auteur; en conséquence, la loi lui en garantit la pleine et entière jouissance, suivant le mode et pour le temps qui seront ci-après déterminés.

2. Tout moyen d'ajouter à quelque fabrication que ce puisse être un nouveau genre de perfection sera regardé comme une invention.

3. Quiconque apportera, le premier, en France, une découverte étrangère jouira des mêmes avantages que s'il en était l'inventeur.

4. Celui qui voudra conserver ou s'assurer une propriété industrielle du genre de celles énoncées aux précédens articles sera tenu :

1°. De s'adresser au secrétariat du directoire de son département, et d'y déclarer, par écrit, si l'objet qu'il présente est d'invention, de perfection ou seulement d'importation;

2°. De déposer sous cachet une description exacte des principes, moyens et procédés qui constituent la découverte, ainsi que les plans, coupes, dessins et modèles qui pourraient y être relatifs, pour ledit paquet être ouvert au moment où l'inventeur recevra son titre de propriété.

5. Quant aux objets d'une utilité générale, mais d'une exécution trop simple et d'une imitation trop facile pour établir aucune spéculation commerciale, et, dans tous les cas, lorsque l'inventeur aimera mieux traiter directement avec le Gouvernement, il lui sera libre de s'adresser, soit aux assemblées administratives, soit au Corps législatif, s'il y a lieu, pour confier sa découverte, en démontrer les avantages et solliciter une récompense.

6. Lorsqu'un inventeur aura préféré aux avantages personnels, assurés par la loi, l'honneur de faire jouir sur-le-champ la nation des fruits de sa découverte ou invention, et lorsqu'il prouvera, par la notoriété publique et par des attestations légales, que cette découverte ou invention est d'une véritable utilité, il pourra lui être accordé une récompense sur les fonds destinés aux encouragemens de l'industrie.

7. Afin d'assurer à tout inventeur la propriété et la jouissance temporaires de son invention, il lui sera délivré un *titre* ou *patente*, selon la

forme indiquée dans le réglement qui sera dressé pour l'exécution du présent décret.

8. Les patentes seront données pour cinq, dix ou quinze années, au choix de l'inventeur; mais ce dernier terme ne pourra jamais être prolongé sans un décret particulier du Corps législatif.

9. L'exercice des patentes accordées pour une découverte importée d'un pays étranger ne pourra s'étendre au delà du terme fixé, dans ce pays, à l'exercice du premier inventeur.

10. Les patentes expédiées en parchemin et scellées du sceau national seront enregistrées dans les secrétariats des directoires de tous les départemens du royaume, et il suffira, pour les obtenir, de s'adresser à ces directoires, qui se chargeront de les procurer à l'inventeur.

11. Il sera libre à tout citoyen d'aller consulter, au secrétariat de son département, le catalogue des inventions nouvelles; il sera libre, de même, à tout citoyen domicilié de consulter, au dépôt général établi à cet effet, les *spécifications* des différentes patentes actuellement en exercice.

Cependant les *descriptions* ne seront point communiquées dans le cas où l'inventeur, ayant jugé que des raisons politiques ou commerciales exigent le secret de sa découverte, se serait présenté au Corps législatif pour lui exposer ses motifs, et en aurait obtenu un décret particulier sur cet objet.

Dans le cas où il sera déclaré qu'une description demeurera secrète, il sera nommé des commissaires pour veiller à l'exactitude de la description, d'après la vue des moyens et procédés, sans que l'auteur cesse, pour cela, d'être responsable, par la suite, de cette exactitude.

12. Le propriétaire d'une patente jouira privativement de l'exercice et des fruits des découverte, invention ou perfection pour lesquelles ladite patente aura été obtenue; en conséquence il pourra, en donnant bonne et suffisante caution, requérir la saisie des objets contrefaits et traduire les contrefacteurs devant les tribunaux; lorsque les contrefacteurs seront convaincus, ils seront condamnés, en sus de la confiscation, à payer à l'inventeur des dommages-intérêts proportionnés à l'importance de la contrefaçon, et, en outre, à verser dans la caisse des pauvres du district une amende fixée au quart du montant desdits dommages-intérêts, sans toutefois que ladite amende puisse excéder la somme de 3,000 livres, et au double en cas de récidive.

13. Dans le cas où la dénonciation pour contrefaçon, d'après laquelle la saisie aurait eu lieu, se trouverait dénuée de preuves, l'inventeur sera con-

damné envers sa partie adverse à des dommages et intérêts proportionnés au trouble et au préjudice qu'elle aura pu en éprouver, et, en outre, à verser dans la caisse des pauvres du district une amende fixée au quart du montant desdits dommages et intérêts, sans toutefois que ladite amende puisse excéder la somme de 3,000 livres, et au double en cas de récidive.

14. Tout propriétaire de patente aura droit de former des établissemens dans toute l'étendue du royaume, et même d'autoriser d'autres particuliers à faire l'application et l'usage de ses moyens et procédés; et, dans tous les cas, il pourra disposer de sa patente comme d'une propriété mobilière.

15. A l'expiration de chaque patente, la découverte ou invention devant appartenir à la société, la description en sera rendue publique, et l'usage en deviendra permis dans tout le royaume, afin que tout citoyen puisse librement l'exercer et en jouir, à moins qu'un décret du Corps législatif n'ait prorogé l'exercice de la patente, ou n'en ait ordonné le secret, dans les cas prévus par l'article 11.

16. La description de la découverte énoncée dans une patente sera de même rendue publique, et l'usage des moyens et procédés relatifs à cette découverte sera aussi déclaré libre dans tout le royaume, lorsque le propriétaire de la patente en sera déchu, ce qui n'aura lieu que dans les cas ci-après déterminés :

1°. Tout inventeur convaincu d'avoir, en donnant sa description, recélé ses véritables moyens d'exécution sera déchu de sa patente;

2°. Tout inventeur convaincu de s'être servi, dans sa fabrication, de moyens secrets qui n'auraient point été détaillés dans sa description, ou dont il n'aurait pas donné sa déclaration, pour les faire ajouter à ceux énoncés dans sa description, sera déchu de sa patente.

3°. Tout inventeur, ou se disant tel, qui sera convaincu d'avoir obtenu une patente pour des découvertes déjà consignées et décrites dans des ouvrages imprimés et publiés, sera déchu de sa patente.

4°. Tout inventeur qui, dans l'espace de deux ans, à compter de la date de sa patente, n'aura point mis sa découverte en activité, et qui n'aura point justifié les raisons de son inaction, sera déchu de sa patente.

5°. Tout inventeur qui, après avoir obtenu une patente en France, sera convaincu d'en avoir pris une pour le même objet en pays étranger, sera déchu de sa patente.

6°. Enfin, tout acquéreur du droit d'exercer une découverte énoncée dans une patente sera soumis aux mêmes obligations que l'inventeur, et, s'il y contrevient, la patente sera révoquée, la découverte publiée, et l'usage en deviendra libre dans tout le royaume.

17. N'entend l'Assemblée nationale porter aucune atteinte aux priviléges exclusifs, ci-devant accordés pour *inventions et découvertes*, lorsque toutes les formes légales auront été observées pour ces priviléges, lesquels auront leur plein et entier effet; et seront, au surplus, les possesseurs de ces anciens priviléges, assujettis aux dispositions du présent décret.

Les autres priviléges fondés sur de simples arrêts du Conseil, ou sur des lettres-patentes non enregistrées, seront convertis sans frais en *patentes*, mais seulement pour le temps qui leur reste à courir, en justifiant que lesdits priviléges ont été obtenus pour découvertes et inventions du genre de celles énoncées aux précédens articles.

Pourront les propriétaires desdits anciens priviléges enregistrés, et de ceux convertis en patentes, en disposer à leur gré conformément à l'article 14.

18. Le comité d'agriculture et de commerce, réuni au comité des impositions, présentera à l'Assemblée nationale un projet de réglement qui fixera les taxes des patentes d'inventeurs, suivant la durée de leur exercice, et qui embrassera tous les détails relatifs à l'exécution des divers articles contenus au présent décret.

Mandons et ordonnons à tous les tribunaux, corps administratifs et municipalités, que les présentes ils fassent transcrire sur leurs registres, lire, publier et afficher dans leurs ressorts et départemens respectifs, et exécuter comme loi du royaume. En foi de quoi, nous avons signé et fait contresigner cesdites présentes, auxquelles nous avons fait apposer le sceau de l'État. A Paris, le 7e. jour du mois de janvier, l'an de grace 1791, et de notre règne le 17e.

Signé LOUIS.

Et plus bas :

M.-L.-F. DUPORT.

LOI portant réglement sur la propriété des auteurs d'inventions et découvertes en tout genre d'industrie.

Donnée, à Paris, le 25 mai 1791.

Louis, etc. L'Assemblée nationale a décrété et nous voulons et ordonnons ce qui suit :

Décret de l'Assemblée nationale, des 29, 31 *mars*, 7 *avril et* 14 *mai* 1791.

TITRE PREMIER. — (*Décrété le* 29 *mars.*)

Art 1er. En conformité des trois premiers articles de la loi du 7 janvier

1791, relative aux nouvelles découvertes et inventions en tout genre d'industrie, il sera délivré sur une simple requête au Roi, et sans examen préalable, des *patentes nationales*, sous la dénomination de *brevets d'invention* (dont le modèle est annexé au présent réglement, sous le n°. II), à toutes personnes qui voudront exécuter ou faire exécuter, dans le royaume, des objets d'industrie jusqu'alors inconnus.

2. Il sera établi, à Paris, conformément à l'article 11 de la loi, sous la surveillance et l'autorité du Ministre de l'intérieur, chargé de délivrer lesdits brevets, un dépôt général, sous le nom de *Directoire des brevets d'invention*, où ces brevets seront expédiés en suite des formalités préalables, et selon le mode ci-après déterminé.

3. Le directoire des brevets d'invention expédiera lesdits brevets sur les demandes qui lui parviendront des secrétariats des départemens. Ces demandes contiendront le nom du demandeur, sa proposition et sa requête au Roi; il y sera joint un paquet renfermant la description exacte de tous les moyens qu'on se propose d'employer, et à ce paquet seront ajoutés les dessins, modèles et autres pièces jugées nécessaires pour l'explication de l'énoncé de la demande; le tout avec la signature et sous le cachet du demandeur. Au dos de l'enveloppe de ce paquet sera inscrit un procès-verbal (dans la forme jointe au présent réglement, sous le n°. Ier.), signé par le secrétaire du département et par le demandeur, auquel il sera délivré un double dudit procès-verbal, afin de constater l'objet de la demande, la remise des pièces, la date du dépôt, l'acquit de la taxe, ou la soumission de la payer suivant le prix et dans le délai qui seront fixés au présent réglement.

4. Les directoires des départemens, non plus que le directoire des brevets d'invention, ne recevront aucune demande qui contienne plus d'un objet principal, avec les objets de détail qui pourront y être relatifs.

5. Les directoires des départemens seront tenus d'adresser au directoire des brevets d'invention les paquets des demandeurs, revêtus des formes ci-dessus prescrites, dans la semaine même où la demande aura été présentée.

6. A l'arrivée de la dépêche du secrétariat du département au directoire des brevets d'invention, le procès-verbal inscrit au dos du paquet sera enregistré; le paquet sera ouvert, et le brevet sera sur-le-champ dressé d'après le modèle annexé au présent réglement (sous le n°. II). Ce brevet renfermera une copie exacte de la description, ainsi que des dessins et modèles annexés au procès-verbal; en suite de quoi ledit brevet sera scellé et renvoyé au département, sous le cachet du directoire des brevets d'in-

vention. Il sera en même temps adressé à tous les tribunaux et départemens du royaume une *proclamation du Roi*, relative aux brevets d'invention et dans la forme ci-jointe (n°. II), et ces proclamations seront enregistrées par ordre de date, et affichées dans lesdits tribunaux et départemens.

7. Les descriptions des objets dont le Corps législatif, dans les cas prévus par l'article 11 de la loi du 7 janvier, aura ordonné le secret, seront ouvertes et inscrites par numéro au directoire des inventions, dans un registre particulier, en présence de commissaires nommés à cet effet, conformément audit article de la loi; ensuite ces descriptions seront cachetées de nouveau et procès-verbal en sera dressé par lesdits commissaires. Le décret qui aura ordonné de les tenir secrètes sera transcrit au dos du paquet, il en sera fait mention dans la proclamation du Roi, et le paquet demeurera cacheté jusqu'à la fin de l'exercice du brevet, à moins qu'un décret du Corps législatif n'en ordonne l'ouverture.

8. Les prolongations des brevets qui, dans des cas très rares et pour des raisons majeures, pourront être accordées par le Corps législatif, seulement pendant la durée de la législature, seront enregistrées dans un registre particulier au directoire des inventions, qui sera tenu de donner connaissance de cet enregistrement aux différens départemens et tribunaux du royaume.

9. Les arrêts du Conseil, lettres-patentes, mémoires descriptifs, tous documens et pièces relatifs à des privilèges d'invention, ci-devant accordés pour des objets d'industrie, dans quelque dépôt public qu'ils se trouvent, seront réunis incessamment au directoire des brevets d'invention.

10. Les frais de l'établissement ne seront point à la charge du trésor public; ils seront pris uniquement sur le produit de la taxe des brevets d'invention, et le surplus employé à l'avantage de l'industrie nationale.

TITRE II. — (*Articles* 1 *à* 8, *décrétés le* 31 *mars.*)

1. Celui qui voudra obtenir un brevet d'invention sera tenu, conformément à l'article 4 de la loi du 7 janvier, de s'adresser au secrétariat du directoire de son département, pour y remettre sa requête au Roi, avec la description de ses moyens, ainsi que les dessins et modèles relatifs à l'objet de sa demande, conformément à l'article 3 du titre 1er.; il y joindra un état fait double et signé par lui de toutes les pièces contenues dans le paquet; un de ces doubles devra être renvoyé au secrétariat du département par le directeur des brevets d'invention, qui se chargera de toutes les pièces par son récépissé au pied dudit état.

2. Le demandeur aura le droit, avant de signer le procès-verbal, de se

faire donner communication du catalogue de tous les objets pour lesquels il aura été expédié des brevets, afin de juger s'il doit, ou non, persister dans sa demande.

3. Le demandeur sera tenu, conformément à l'article 3 du titre 1er., d'acquitter, au secrétariat du département, la taxe du brevet, suivant le tarif annexé au présent réglement (sous le n°. IV); mais il lui sera libre de ne payer que la moitié de cette taxe, en présentant sa requête, et de déposer sa soumission d'acquitter le reste de la somme dans le délai de six mois.

4. Si la soumission du breveté n'est point remplie au terme prescrit, le brevet qui lui aura été délivré sera de nul effet; l'exercice de son droit deviendra libre, et il en sera donné avis à tous les départemens par le directoire des brevets d'invention.

5. Toute personne pourvue d'un brevet d'invention sera tenue d'acquitter, en sus de la taxe dudit brevet, la taxe des patentes annuelles imposées à toutes les professions d'arts et métiers par la loi du 17 mars 1791.

6. Tout propriétaire de brevet qui voudra faire des changemens à l'objet énoncé dans sa première demande sera obligé d'en faire sa déclaration, et de remettre la description de ses nouveaux moyens au secrétariat du département, dans la forme et de la manière prescrites par l'article 1er. du présent titre, et il sera observé, à cet égard, les mêmes formalités entre les directoires des départemens et celui des brevets d'invention.

7. Si ce breveté ne veut jouir privativement de l'exercice de ses nouveaux moyens que pendant la durée de son brevet, il lui sera expédié, par le directoire des brevets d'invention, un certificat dans lequel sa nouvelle déclaration sera mentionnée, ainsi que la remise du paquet contenant la description de ses nouveaux moyens.

Il lui sera libre aussi de prendre successivement de nouveaux brevets pour lesdits changemens, à mesure qu'il en voudra faire, ou de les faire réunir dans un seul brevet, quand il les présentera collectivement.

Ces nouveaux brevets seront expédiés de la même manière et dans les mêmes formes que les brevets d'invention, et ils auront les mêmes effets.

(La fin de ce titre, depuis l'article 8, a été décrétée le 7 avril, sauf les articles 10 et 11.)

8. Si quelque personne annonce un moyen de perfection pour une invention déjà brevetée, elle obtiendra, sur sa demande, un brevet pour l'exercice privatif dudit moyen de perfection, sans qu'il lui soit permis, sous aucun prétexte, d'exécuter ou de faire exécuter l'invention principale, et récipro-

quement, sans que l'inventeur puisse faire exécuter par lui-même le nouveau moyen de perfection.

Ne seront point mis au rang des *perfections industrielles* les changemens de formes ou de proportions, non plus que les ornemens, de quelque genre que ce puisse être.

9. Tout concessionnaire de brevet obtenu pour un objet que les tribunaux auront jugé contraire aux lois du royaume, à la sûreté publique, ou aux réglemens de police, sera déchu de son droit, sans pouvoir prétendre d'indemnité, sauf au ministère public à prendre, suivant l'importance du cas, telles conclusions qu'il appartiendra.

10. Lorsque le propriétaire d'un brevet sera troublé dans l'exercice de son droit privatif, il se pourvoira, dans les formes prescrites pour les autres procédures civiles, devant le juge de paix, pour faire condamner le contrefacteur aux peines prononcées par la loi.

11. Le juge de paix entendra les parties et leurs témoins, ordonnera les vérifications qui pourront être nécessaires, et le jugement qu'il prononcera sera exécuté provisoirement, nonobstant l'appel.

12. Dans le cas où une saisie juridique n'aurait pu faire découvrir aucun objet fabriqué ou débité en fraude, le dénonciateur supportera les peines énoncées dans l'art. 13 de la loi, à moins qu'il ne légitime sa dénonciation par des preuves légales, auquel cas il sera exempt desdites peines sans pouvoir néanmoins prétendre aucuns dommages-intérêts.

13. Il sera procédé de même en cas de contestation entre deux brevetés pour le même objet; si la ressemblance est déclarée absolue, le brevet de date antérieure demeurera seul valide; s'il y a dissemblance en quelques parties, le brevet de date postérieure pourra être converti, sans payer de taxe, en brevet de perfection, pour les moyens qui ne seraient point énoncés dans le brevet de date antérieure.

14. Le propriétaire d'un brevet pourra contracter telle société qu'il lui plaira pour l'exercice de son droit, en se conformant aux usages du commerce; mais il lui sera interdit d'établir son entreprise par *actions*, à peine de déchéance de l'exercice de son brevet.

15. Lorsque le propriétaire d'un brevet aura cédé son droit en tout ou en partie (ce qu'il ne pourra faire que par un acte notarié), les deux parties contractantes seront tenues, à peine de nullité, de faire enregistrer ce transport (suivant le modèle sous le n°. III) au secrétariat de leurs départemens respectifs, lesquels en informeront aussitôt le directoire des brevets d'invention, afin que celui-ci en instruise les autres départemens.

16. En exécution de l'article 17 de la loi du 7 janvier, tous les possesseurs

de privilèges exclusifs maintenus par ledit article seront tenus, dans le délai de six mois après la publication du présent réglement, de faire enregistrer au directoire d'invention les titres de leurs privilèges, et d'y déposer les descriptions des objets privilégiés, conformément à l'article 1er. du présent titre : le tout à peine de déchéance.

TITRE III. — (*Décrété le 14 mai.*)

Art. 1. L'Assemblée nationale renvoie au Ministre de l'intérieur les mesures à prendre pour l'exécution du réglement sur la loi des brevets d'invention, et le charge de présenter incessamment à l'Assemblée les dispositions qu'il jugera nécessaires pour assurer cette partie du service public.

N°. I. *Modèle d'un procès-verbal de dépôt pour un brevet d'invention.*

N°... Département de..., aujourd'hui... jour du mois de... 179..., à... heures du matin (ou du soir), le sieur N. a (ou les sieurs N. N. ont) déposé entre nos mains le présent paquet scellé de son (ou de leur) cachet, qu'il nous a (ou qu'ils ont) dit renfermer toutes les pièces descriptives (*ici l'énoncé fidèle de l'objet*); pour lequel objet il se propose (ou ils se proposent) d'obtenir un brevet d'invention de cinq (dix ou quinze) années, ainsi qu'il est porté en la requête aussi contenue dans ledit paquet. Nous a (ou ont) déclaré ledit sieur N. (ou lesdits sieurs N. N.) qu'il est (ou qu'ils sont) inventeur (ou inventeurs), perfectionneur (ou perfectionneurs), importateur (ou importateurs) dudit objet; il nous a (ou ils ont) remis le montant de la moitié et sa (ou leur) soumission pour payer dans... mois... l'autre moitié du droit de brevet d'invention fixé dans le réglement du..., sur la loi du 7 janvier 1791, en nous priant de faire parvenir, dans le plus court délai, ce paquet au directoire des brevets d'invention; ce que nous avons promis. Desquels dépôt et réquisition ledit sieur N. nous a (ou lesdits sieurs NN. nous ont) demandé acte, que nous lui (ou leur) avons accordé; et après l'apposition du sceau de notre département, l'avons invité (ou les avons invités) de signer avec nous; et a (ou ont) signé. Fait au secrétariat du directoire du département de... le... 179...

Signé N. N. N.

N°. II. *Modèle de brevet d'invention.*

Louis, par la grace de Dieu et par la loi constitutionnelle de l'Etat, Roi des Français, à tous présens et à venir : salut.

N., citoyen de (ou N. N. citoyens de)..., nous ayant fait exposer qu'il désire (ou qu'ils désirent) jouir des droits de propriété assurés, par la loi du

7 janvier 1791, aux auteurs de découvertes et inventions en tout genre d'industrie, et en conséquence obtenir un brevet d'invention qui durera l'espace de (*ici l'on énoncera en toutes lettres si c'est pour cinq, pour dix, ou pour quinze années*), pour fabriquer, vendre et débiter dans tout le royaume (*ici l'on transcrira l'énoncé de l'objet tel qu'il a été fourni par le demandeur*), dont il a (ou ils ont) déclaré être l'inventeur (les inventeurs), le perfectionneur (les perfectionneurs), l'importateur (les importateurs), ainsi qu'il résulte du procès-verbal dressé lors du dépôt fait au secrétariat du directoire du département de..., en date du... 179... Vu la requête de N. (ou de N. N.), ensemble le mémoire explicatif (ou descriptif), les plans, coupes, et dessins (s'il y en a), adressés par l'exposant (ou les exposans) au directoire des brevets d'invention; duquel mémoire (ou desquels mémoires et dessins) s'ensuivent la teneur et la copie :

(*Ici seront fidèlement transcrits lesdits mémoires et copies, les plans et dessins, comme cela se pratique dans les patentes anglaises.*)

Nous avons, conformément à la susdite loi du 7 janvier 1791, conféré, et, par ces présentes signées de notre main, conférons au sieur N. (ou aux sieurs N. N.) un brevet d'invention pour fabriquer, vendre et débiter dans tout le royaume, pendant le temps et l'espace de cinq (dix ou quinze) années entières et consécutives, à compter de la date des présentes (*ici l'on doit répéter l'énoncé de l'objet breveté*), exécuté par les moyens consignés dans la description ci-dessus, et sur lequel sera appliqué un timbre ou cartel, avec les mots *brevet d'invention*, et le nom de l'auteur (ou des auteurs) pour, par lui (ou eux) et ses (ou leurs) ayant-cause, jouir dudit brevet dans toute l'étendue du royaume, pour le temps porté ci-dessus : le tout en conformité des dispositions de la loi du 7 janvier 1791.

Faisons très expresses inhibitions et défenses à toutes personnes d'imiter ou contrefaire les objets dont il s'agit, sous quelque prétexte que ce puisse être. Voulons, pour assurer à N. (ou N. N.) la jouissance de son (ou de leur) brevet, qu'il soit fait sur icelui une proclamation en notre nom, à ce que nul n'en ignore.

Mandons et ordonnons à tous les tribunaux, corps administratifs et municipalités de faire jouir et user pleinement et paisiblement des droits conférés par ces présentes le sieur N. (ou les sieurs N. N.) et ses (ou leurs) ayant-cause; cessant et faisant cesser tous troubles et empêchemens contraires. Leur mandons aussi qu'à la première réquisition du breveté (ou des brevetés) les présentes ils fassent transcrire sur leurs registres, lire, publier et afficher dans leurs ressorts et départemens respectifs, et exécuter pendant leur durée, comme loi du royaume. En foi de quoi, nous avons signé et fait contresigner cesdites présentes, auxquelles nous avons fait apposer le sceau de l'État. A. . . . le. . . . jour du mois de. . . . l'an de grace mil sept cent quatre-vingt. . . . et de notre règne le. . . .

Signé LOUIS.

Et plus bas :

DE LESSART.

N°. III. *Modèle d'enregistrement d'un transport de brevet d'invention.*

N°. . . . département de. . . . aujourd'hui. . . . jour du mois de. . . 179 . le sieur N. (ou les sieurs N. N.) s'est présenté (ou se sont présentés) en notre secrétariat pour requérir l'enregistrement de la cession qu'ils ont (ou qui leur a été) faite au sieur N. (ou sieurs N. N.) par le sieur N. (ou les sieurs N. N.) par acte du. . . . devant Me. . . . . notaire à. . . . de la totalité (ou partie) du brevet d'invention accordé le. . . . pour l'espace de cinq (dix ou quinze) années, à raison (*énoncer l'objet du brevet*); lequel enregistrement nous lui (ou leur) avons accordé; et il nous a été payé la somme de. . . . pour les droits fixés dans le tarif annexé au réglement du. . . . sur la loi du 7 janvier 1791, et a ledit sieur (ou ont lesdits sieurs) signé avec nous.

Fait à. . . . le. . . . 179 .

Signé N. N. N.

N°. IV. *Tarif des droits à payer au directoire d'invention. — Décrété le 14 mai.*

Taxe d'un brevet pour cinq ans.	300 liv.
Taxe d'un brevet pour dix ans.	800
Taxe d'un brevet pour quinze ans.	1500
Droit d'expédition des brevets.	50
Certificat de perfectionnement, changement et addition. . .	24
Droit de prolongation d'un brevet.	600
Enregistrement du brevet de prolongation.	12
Enregistrement d'une cession de brevet, en totalité ou en partie.	18
Pour la recherche et la communication d'une description.	12

Tarif des droits à payer au secrétariat du département.

Pour le procès-verbal de remise d'une description, ou de quelque perfectionnement, changement et addition, et des pièces relatives, tous frais compris.	12

Pour l'enregistrement d'une cession de brevet, en totalité ou en partie, tous frais compris. . . . . 12 liv.

Pour la communication du catalogue des inventions et droits de recherches. 3

L'Assemblée nationale décrète les changemens qui suivent au texte de la loi du 7 janvier 1791. (*Décrété le 14 mai.*)

A l'article 10 a été substituée cette nouvelle rédaction : « L'inventeur sera tenu, pour obtenir lesdites patentes, de s'adresser au directoire de son département, qui en requerra l'expédition. La patente envoyée à ce directoire y sera enregistrée, et il en sera, en même temps, donné avis par le ministre de l'intérieur au directoire des autres départemens. »

L'Assemblée a décrété la suppression des mots suivans.

Art. 12 : *En donnant bonne et suffisante caution, requérir la saisie des objets contrefaits.*

Art. 13 : *D'après laquelle la saisie aura eu lieu.*

Mandons et ordonnons, etc. A Paris, le 25e. jour du mois de mai, l'an de grace 1791, et de notre règne le 18e.

Signé LOUIS.

Et plus bas,

M.-L.-F. Duport.

Loi relative aux gratifications et secours à accorder aux artistes.

12 septembre 1791.

Titre 1er. — (*Décrété le 9 septembre 1791.*) — *Distribution des récompenses nationales.*

Art. 1er. Sur le fonds de deux millions destiné, par le décret du 3 août 1790, à être annuellement employé en dons, gratifications, encouragemens, il sera distribué une somme de 300,000 liv., selon le mode ci-après déterminé, en gratifications et secours aux artistes qui, par leurs découvertes, leurs travaux et leurs recherches dans les arts utiles, auront mérité d'avoir part aux récompenses nationales.

2. Lesdites récompenses seront accordées, d'après les instructions envoyées, au sujet des différens artistes, par le directoire du département de leur domicile ordinaire, en suite de l'attestation de leur district et du certificat de leur municipalité.

Il suffira cependant à ces artistes d'un certificat des corps administratifs de leur domicile actuel, lorsque ces corps se trouveront suffisamment instruits pour le leur délivrer.

3. Les travaux pour lesquels il pourra être accordé des récompenses nationales seront divisés en deux classes principales : ceux qui ont pu exiger des sacrifices, de quelque genre que ce soit, et ceux qui, par leur nature, n'en exigent point.

Dans les récompenses affectées à chacune de ces classes, il sera établi trois degrés, sous les noms de *minimum*, *medium* et *maximum*, applicables en proportion du mérite des objets, d'après l'avis motivé d'un bureau de consultation pour les arts, qui sera, pour cet effet, établi à Paris, et dont la composition sera déterminée dans le titre II du présent décret.

Le *medium* sera d'un quart, et le *maximum* d'une moitié en sus du *minimum*.

Dans la première classe, le *minimum* sera de 4,000 liv., le *medium* de 5,000 liv., et le *maximum* de 6,000 liv.

Dans la seconde classe, le *minimum* sera de 2,000 liv., le *medium* de 2,500 liv., et le *maximum* de 3,000 liv.

Ceux des artistes qui auront passé l'âge de soixante ans obtiendront, en sus de la récompense qui leur aura été fixée, une somme égale au *minimum* de leur classe.

4. Indépendamment de ces deux classes, il pourra être accordé des gratifications particulières aux artistes indigens dont les talens auront été reconnus par des approbations de corps savans, et dont l'honorable pauvreté sera certifiée par les corps administratifs.

Le *minimum* de ces gratifications sera de. . . . . 200 liv.
Le *medium* de. 250
Le *maximum* de. 300

Ceux de ces artistes récompensés, qui auront passé l'âge de soixante ans, obtiendront, conformément à l'article 3, une somme égale au *minimum* de leur classe.

5. Le Ministre de l'intérieur sera néanmoins autorisé à proposer à l'Assemblée nationale d'accorder un supplément de récompense pour les découvertes d'une importance majeure, faites dans le royaume, ou importées des pays étrangers, particulièrement lorsque ces découvertes seront dues à des travaux pénibles ou à des voyages longs et périlleux.

6. Partie des mêmes fonds pourra être aussi employée, d'après les instructions des corps administratifs, soit à la publication d'ouvrages qui auraient été jugés utiles aux progrès des arts, soit en expériences, essais et constructions de modèles, ou même de machines, dont les avantages et la possibi-

lité seraient vérifiés par le bureau de consultation, mais dont les frais excéderaient les facultés de leurs auteurs.

7. Il sera publié, tous les ans, par la voie de l'impression, un état nominatif des artistes qui, dans le cours de l'année, auront obtenu des récompenses nationales, avec le compte général des sommes employées à ces récompenses, ainsi qu'aux publications d'ouvrages et aux frais d'expériences et de constructions ordonnées par le Ministre de l'intérieur, d'après les avis du bureau de consultation.

8. Les pensions assurées, par un brevet signé du Roi, aux artistes qui, à ce prix, ont ci-devant cédé à l'État leurs inventions, découvertes ou importations légalement constatées, seront regardées comme faisant partie de la dette publique, et, en conséquence, renvoyées à la liquidation.

9. Les artistes avec lesquels l'Administration du commerce a ci-devant contracté des engagemens conditionnels, et qui justifieront avoir satisfait aux conditions stipulées, seront aussi regardés comme créanciers de l'État, pour les sommes qui ne leur auraient point encore été payées, et, en cette qualité, renvoyés à la liquidation.

10. Les artistes dont les machines, importées de l'étranger, ou nouvellement construites d'après les demandes de l'Administration du commerce, auraient été détruites lors des troubles populaires survenus en quelque partie du royaume, seront indemnisés de leurs pertes, sur une attestation des corps administratifs desdits lieux, à laquelle devra être jointe une évaluation faite par des hommes à ce connaissant : ces attestations tiendront lieu de titres et seront, comme telles, reçues à la liquidation.

11. Les objets déjà récompensés ou achetés par le Gouvernement, ou pour lesquels les artistes auraient acquis des brevets d'invention, ne seront point susceptibles des récompenses nationales.

12. Nul artiste, quels qu'aient été ses travaux, ne pourra être admis, dans la même année, à recevoir au delà du *maximum* de la première classe; mais il en sera fait une mention honorable lors de la publication de la liste des récompensés, et il pourra y être admis l'année d'après.

Arrêté du Directoire exécutif, du 17 vendémiaire an VII, concernant la publication des brevets d'invention.

8 octobre 1798.

Le Directoire exécutif, sur le rapport du Ministre de l'intérieur :

Considérant qu'aux termes de l'article 15 de la loi du 7 janvier 1791, relative aux découvertes utiles et aux moyens d'en assurer la propriété à leurs auteurs, tout brevet d'invention obtenu pour une découverte industrielle doit être publié, à l'expiration du terme fixé pour sa durée, et que les procédés qui en sont l'objet deviennent d'un usage général et permis dans toute la république;

Que l'établissement des brevets d'invention remonte au 25 mai 1791, et que plusieurs de ceux expédiés depuis cette époque ont atteint le terme prescrit à leur durée, et doivent être publiés conformément à la loi;

Qu'il importe de rendre cette publication aussi utile qu'elle peut l'être au progrès des arts et à l'instruction publique;

Arrête ce qui suit:

Art. 1er. Les brevets d'invention expédiés depuis la loi du 25 mai 1791, et qui ont atteint le terme prescrit à leur durée, seront incessamment publiés par les soins du Ministre de l'intérieur; l'usage des procédés industriels qu'ils ont pour objet est déclaré libre et permis dans toute la république.

2. Les originaux desdits brevets seront déposés au Conservatoire des arts et métiers, pour y avoir recours au besoin. Le Ministre chargera les membres du Conservatoire de faire imprimer les descriptions et graver les dessins nécessaires pour leur intelligence, et il adressera des exemplaires de chaque brevet ainsi publié aux administrations centrales de départemens.

3. La dépense qu'exigera cette publication sera prise sur le produit de la taxe des brevets, et subsidiairement sur les fonds généraux destinés à l'encouragement des arts.

4. Le Directoire exécutif, en conformité de la loi, déclare expirés, et dans le cas de la publication, à la date du présent arrêté, les brevets suivans:

(*Suit l'énonciation de quatorze brevets.*)

Le présent arrêté sera inséré au *Bulletin des lois*.

Pour copie conforme,

Signé TREILHARD, *Président*.

Par le Directoire exécutif,

Le Secrétaire général, LAGARDE.

ARRÊTÉ relatif au mode de délivrance des Brevets d'invention.

Du 5 vendémiaire an IX (27 septembre 1800).

Les Consuls de la République, le Conseil d'Etat entendu, arrêtent:

Art. 1er. A compter de ce jour, le certificat de demande d'un brevet d'invention sera délivré par le Ministre de l'intérieur, et les brevets seront ensuite délivrés, tous les trois mois, par le premier Consul, et promulgués dans le *Bulletin des lois.*

2. Pour prévenir l'abus que les brevetés peuvent faire de leurs titres, il sera inséré, par annotation, au bas de chaque expédition, la déclaration suivante :

Le Gouvernement, en accordant un brevet d'invention sans examen préalable, n'entend garantir en aucune manière ni la priorité, ni le mérite, ni le succès d'une invention.

3. Le Ministre de l'intérieur est chargé de l'exécution du présent arrêté, qui sera inséré au *Bulletin des lois.*

Le premier Consul, signé BONAPARTE.

Le Secrétaire d'État, signé HUGUES B. MARET.

Le Ministre de la justice, signé ABRIAL.

DÉCRET IMPÉRIAL *qui abroge une disposition de la loi du 25 mai 1791 sur la propriété des auteurs de découvertes.*

Au quartier impérial de Berlin, le 25 novembre 1806.

Napoléon, Empereur des Français, Roi d'Italie ;

Sur le rapport de notre Ministre de l'intérieur, notre Conseil d'Etat entendu, nous avons décrété et décrétons ce qui suit :

Art. 1er. La disposition de l'article 14 du titre II de la loi du 25 mai 1791, portant réglement sur la propriété des auteurs de découvertes en tout genre d'industrie, est abrogée en ce qui concerne la défense d'exploiter les brevets d'invention par *actions.*

Ceux qui voudraient exploiter leurs titres de cette manière seront tenus de se pourvoir de l'autorisation du Gouvernement.

2. Notre Ministre de l'intérieur est chargé de l'exécution du présent décret.

Signé NAPOLÉON.

Par l'Empereur,

Le Secrétaire d'Etat, signé HUGUES B. MARET.

Décret impérial *qui fixe l'époque à laquelle commencent à courir les années de jouissance des brevets d'invention, de perfectionnement et d'importation.*

De notre camp impérial de Varsovie, le 25 janvier 1807.

Napoléon, etc.;

Sur le rapport de notre Ministre de l'intérieur, notre Conseil d'Etat entendu, nous avons décrété et décrétons ce qui suit :

Art. 1er. Les années de jouissance d'un brevet d'invention, de perfectionnement ou d'importation commencent à courir de la date du certificat de demande délivré par notre Ministre de l'intérieur. Ce certificat établit, en faveur du demandeur, une jouissance provisoire qui devient définitive par l'expédition du décret qui doit suivre ce certificat.

2. La priorité d'invention, dans le cas de contestation entre deux brevetés pour le même objet, est acquise à celui qui, le premier, a fait au secrétariat de la préfecture du département de son domicile le dépôt des pièces exigées par l'article 4 de la loi du 7 janvier 1791.

3. Notre Ministre de l'intérieur est chargé de l'exécution du présent

Signé Napoléon.

Par l'Empereur,

Le Secrétaire d'État, signé Hugues B. Maret.

Décret impérial *portant que la durée des brevets d'importation sera la même que celle des brevets d'invention et de perfectionnement* (1).

Au palais impérial de Saint-Cloud, le 13 août 1810.

Napoléon, etc.

Voulant mettre en harmonie les articles 3 et 9 de la loi du 7 janvier 1791, dont l'un décide que l'importateur en France d'une découverte étrangère jouira des mêmes avantages que s'il en était l'auteur, et l'autre, que la durée de cette jouissance ne pourra s'étendre au delà du terme fixé dans l'étranger à l'exercice du droit du premier inventeur;

Notre Conseil d'Etat entendu,

Nous avons décrété et décrétons ce qui suit :

La durée des brevets d'importation sera la même que celle des brevets d'invention et de perfectionnement. Tout particulier qui aura le premier apporté en France une découverte étrangère est, en conséquence, libre de prendre des brevets de cinq, de dix ou quinze ans, à son choix, en se conformant aux dispositions prescrites par les lois des 7 janvier et 25 mai 1791.

(1) Ce décret n'a point été inséré au *Bulletin des lois*.

DÉCRETS ET ORDONNANCES

CONCERNANT

LES ATELIERS ET MANUFACTURES

QUI RÉPANDENT

UNE ODEUR INSALUBRE OU INCOMMODE.

Décret impérial du 15 octobre 1810.

Napoléon, Empereur des Français, etc.

Sur le rapport de notre Ministre de l'intérieur,

Vu les plaintes portées par différens particuliers contre les manufactures et ateliers dont l'exploitation donne lieu à des exhalaisons insalubres et incommodes;

Le rapport fait sur ces établissemens par la section de chimie de la classe des sciences physiques et mathématiques de l'Institut;

Notre Conseil d'Etat entendu,

Nous avons décrété et décrétons ce qui suit:

Art. 1er. A compter de la publication du présent décret, les manufactures et ateliers qui répandent une odeur insalubre ou incommode ne pourront être formés sans une permission de l'autorité administrative: ces établissemens seront divisés en trois classes.

La première classe comprendra ceux qui doivent être éloignés des habitations particulières;

La seconde, les manufactures et ateliers dont l'éloignement des habitations n'est pas rigoureusement nécessaire, mais dont il importe néanmoins de ne permettre la formation qu'après avoir acquis la certitude que les opérations qu'on y pratique sont exécutées de manière à ne pas incommoder les propriétaires du voisinage, ni à leur causer des dommages.

Dans la troisième classe seront placés les établissemens qui peuvent rester sans inconvénient auprès des habitations, mais doivent rester soumis à la surveillance de la police.

2. La permission nécessaire pour la formation des manufactures et ateliers compris dans la première classe sera accordée, avec les formalités ci-après, par un décret rendu en notre Conseil d'Etat.

Celle qu'exige la mise en activité des établissemens compris dans la seconde classe le sera par les préfets, sur l'avis des sous-préfets.

3.

Les permissions pour l'exploitation des établissemens placés dans la dernière classe seront délivrées par les sous-préfets, qui prendront préalablement l'avis des maires.

3. La permission pour les fabriques et manufactures de première classe ne sera accordée qu'avec les formalités suivantes :

La demande en autorisation sera présentée au préfet et affichée, par son ordre, dans toutes les communes, à 5 myriamètres de rayon.

Dans ce délai, tout particulier sera admis à présenter ses moyens d'opposition.

Les maires des communes auront la même faculté.

4. S'il y a des oppositions, le Conseil de préfecture donnera son avis, sauf la décision du Conseil d'Etat.

5. S'il n'y a pas d'opposition, la permission sera accordée, s'il y a lieu, sur l'avis du préfet et le rapport de notre Ministre de l'intérieur.

6. S'il s'agit de fabriques de soude, et si la fabrique doit être établie dans la ligne des douanes, notre directeur général des douanes sera consulté.

7. L'autorisation de former des manufactures et ateliers compris dans la seconde classe ne sera accordée qu'après que les formalités suivantes auront été remplies.

L'entrepreneur adressera d'abord sa demande au sous-préfet de son arrondissement, qui la transmettra au maire de la commune dans laquelle on projettera de former l'établissement, en le chargeant de procéder à des informations *de commodo et incommodo*. Ces informations terminées, le sous-préfet prendra sur le tout un arrêté qu'il transmettra au préfet. Celui-ci statuera, sauf le recours à notre Conseil d'Etat, par toutes parties intéressées.

S'il y a opposition, il y sera statué par le Conseil de préfecture, sauf le recours au Conseil d'Etat.

8. Les manufactures, ateliers ou établissemens portés dans la troisième classe ne pourront se former que sur la permission du préfet de police à Paris, et sur celle des maires dans les autres villes.

S'il s'élève des réclamations contre la décision prise par le préfet de police ou le maire, sur une demande en formation de manufactures ou d'atelier compris dans la troisième classe, elles seront jugées en Conseil de préfecture.

9 L'autorité locale indiquera le lieu où les manufactures et ateliers compris dans la première classe pourront s'établir, et exprimera sa distance des habitations particulières. Tout individu qui ferait des constructions

dans le voisinage de ces manufactures et ateliers, après que la formation en aura été permise, ne sera plus admis à en solliciter l'éloignement.

10. La division en trois classes des établissemens qui répandent une odeur insalubre ou incommode aura lieu conformément au tableau annexé au présent décret impérial. Elle servira de règle, toutes les fois qu'il sera question de prononcer sur des demandes en formation de ces établissemens.

11. Les dispositions du présent décret n'auront point d'effet rétroactif: en conséquence, tous les établissemens qui sont aujourd'hui en activité continueront à être exploités librement, sauf les dommages dont pourront être passibles les entrepreneurs de ceux qui préjudicient aux propriétés de leurs voisins. Les dommages seront arbitrés par les tribunaux.

12. Toutefois, en cas de graves inconvéniens pour la salubrité publique, la culture ou l'intérêt général, les fabriques et ateliers de première classe qui les causent pourront être supprimés en vertu d'un décret rendu en notre Conseil d'Etat, après avoir entendu la police locale, puis l'avis des préfets, reçu la défense des manufacturiers et fabricans.

13. Les établissemens maintenus par l'article 11 cesseront de jouir de cet avantage dès qu'ils seront transférés dans un autre établissement, ou qu'il y aura une interruption de six mois dans leurs travaux. Dans l'un et l'autre cas, ils rentreront dans la catégorie des établissemens à former, et ils ne pourront être remis en activité qu'après avoir obtenu, s'il y a lieu, une nouvelle permission.

14. Nos Ministres de l'intérieur et de la police générale sont chargés, chacun en ce qui le concerne, de l'exécution du présent décret, qui sera inséré au *Bulletin des lois*.

Signé NAPOLÉON.

Par l'Empereur,

Le Ministre secrétaire d'État, signé duc DE BASSANO.

NOMENCLATURE DES MANUFACTURES, ÉTABLISSEMENS ET ATELIERS RÉPANDANT UNE ODEUR INSALUBRE OU INCOMMODE DONT LA FORMATION NE POURRA AVOIR LIEU SANS UNE PERMISSION DE L'AUTORITÉ ADMINISTRATIVE.

Établissemens et ateliers qui ne peuvent plus être formés dans le voisinage des habitations particulières, et pour la création desquels il sera nécessaire de se pourvoir de l'autorisation du Ministre de l'intérieur.

Amidonniers,
Artificiers,
Bleu de Prusse,
Boyaudiers,

Charbon de terre épuré,
— de bois épuré,
Chiffonniers,
Colle-forte,
Cordes à instrumens,
Cretonniers,
Equarrissage,
Eau-forte, acide sulfurique, etc.
Suif brun,
Ménagerie,
Minium,
Four à plâtre,
Four à chaux,
Porcheries,
Poudrette,
Rouissage du chanvre,
Sel ammoniac,
Soude artificielle,
Taffetas et toiles vernis,
Tueries,
Tourbe carbonisée,
Triperies,
Echaudoirs,
Cuirs vernis,
Cartonniers,
Fabriques de vernis,
— d'huile de pied ou de corne de bœuf.

Etablissemens et ateliers dont l'éloignement des habitations n'est pas rigoureusement nécessaire, mais dont il importe néanmoins de ne permettre la formation qu'après avoir acquis la certitude que les opérations qu'on y pratique sont exécutées de manière à ne pas incommoder les propriétaires du voisinage, ni à leur causer des dommages. Pour former ces établissemens l'autorisation du préfet sera nécessaire.

Blanc de céruse,
Chandeliers,
Couverturiers,
Dépôts de cuirs verts,
Distilleries d'eau-de-vie,
Fonderies de métaux,
Affinage des métaux au fourneau à manche,
Suif en branche,
Noir d'ivoire,
— de fumée,
Plomberies,
Plomb de chasse,
Salles de dissection,
Fabriques de tabac,
Taffetas cirés,
Vacheries,
Teinturiers,
Hongroyeurs,
Mégissiers,
Pompes à feu,
Blanchîment des toiles par l'acide muriatique oxigéné,
Les filatures de soie.

Etablissemens et ateliers qui peuvent rester sans inconvénient auprès des habitations particulières, et pour la formation desquels il sera nécessaire de se munir d'une permission du sous-préfet.

Alun,
Boutons,
Brosseries,
Ciriers,

Colle de parchemin et d'amidon,
Cornes transparentes,
Caractères d'imprimerie,
Doreurs sur métaux,
Papiers peints,
Savonneries, etc.,
Vitriol.

Ordonnance royale du 14 janvier 1815 (1).

Louis, par la grace de Dieu, roi de France et de Navarre, à tous ceux présens et à venir, salut :

Sur le rapport de notre Ministre secrétaire d'État de l'intérieur;

Vu le décret du 15 octobre 1810, qui divise en trois classes les établissemens insalubres ou incommodes dont la formation ne peut avoir lieu qu'en vertu d'une permission de l'autorité administrative;

Le tableau de ces établissemens, qui y est annexé;

L'état supplémentaire arrêté par le Ministre de l'intérieur le 22 novembre 1811;

Les demandes adressées par plusieurs préfets, à l'effet de savoir si les permissions nécessaires pour la formation des établissemens compris dans la troisième classe seront délivrées par les sous-préfets ou par les maires,

Notre Conseil d'État entendu,

Nous avons ordonné et ordonnons ce qui suit :

Art. 1er. A compter de ce jour, la nomenclature jointe à la présente ordonnance servira seule de règle pour la formation des établissemens répandant une odeur insalubre ou incommode.

2. Le procès-verbal d'information *de commodo et incommodo*, exigé, par l'article 7 du décret du 15 octobre 1810, pour la formation des établissemens compris dans la deuxième classe de la nomenclature, est pareillement exigible, en outre de l'affiche de demande, pour la formation de ceux compris dans la première classe.

Il n'est rien innové aux autres dispositions de ce décret.

3. Les permissions nécessaires pour la formation des établissemens compris dans la troisième classe seront délivrées, dans les départemens, conformément aux articles 2 et 8 du décret du 15 octobre 1810, par les sous-préfets, après avoir pris préalablement l'avis du maire et de la police locale.

4. Les attributions données aux préfets et aux sous-préfets, par le décret du 15 octobre 1810, relativement à la formation des établissemens répandant une odeur insalubre ou incommode, seront exercées par notre directeur général de police, dans toute l'étendue du département de la Seine et

(1) Cette ordonnance a déjà été insérée au *Bulletin* de la Société, année 1815, page 19.

dans les communes de Saint-Cloud, Meudon et Sèvres du département de Seine-et-Oise.

5. Les préfets sont autorisés à faire suspendre la formation et l'exercice des établissemens nouveaux qui, n'ayant pu être compris dans la nomenclature précitée, seraient cependant de nature à y être placés. Ils pourront accorder l'autorisation d'établissement pour tous ceux qu'ils jugeront devoir appartenir aux deux dernières classes de la nomenclature, en remplissant les formalités prescrites par le décret du 15 octobre 1810, sauf, dans les deux cas, à en rendre compte à notre directeur général des manufactures et du commerce.

6. Notre Ministre secrétaire d'État de l'intérieur est chargé de l'exécution de la présente ordonnance, qui sera insérée au *Bulletin des lois.*

Par le Roi,

Signé LOUIS.

Le Ministre secrétaire d'Etat de l'intérieur, signé l'abbé DE MONTESQUIOU.

NOMENCLATURE DES MANUFACTURES, ÉTABLISSEMENS ET ATELIERS RÉPANDANT UNE ODEUR INSALUBRE OU INCOMMODE, DONT LA FORMATION NE POURRA AVOIR LIEU SANS UNE PERMISSION DE L'AUTORITÉ ADMINISTRATIVE.

PREMIÈRE CLASSE.

Etablissemens et ateliers qui ne pourront plus être formés dans le voisinage des habitations particulières, et pour la création desquels il sera nécessaire de se pourvoir d'une autorisation de Sa Majesté accordée en Conseil d'Etat.

Acide nitrique (fabrication de l').
— pyroligneux (fabrique d'), lorsque les gaz se répandent dans l'air, sans être brûlés.
— sulfurique (fabrication de l').
Affinage de métaux au fourneau à manche, au fourneau à coupelle ou au fourneau à réverbère.
Amidonniers.
Artificiers.
Bleu de Prusse (fabrique de), lorsqu'on n'y brûlera pas la fumée et le gaz hydrogène sulfuré.
Boyaudiers.
Cendre gravélée (fabrique de), lorsqu'on laisse répandre la fumée au dehors.
Cendres d'orfèvre (traitement des) par le plomb.
Chanvre (rouissage du) en grand, par son séjour dans l'eau.
Charbon de terre (épurage du) à vases ouverts.
Fours à chaux permanens.

Indépendamment des formalités prescrites par le décret du 15 octobre 1810, la formation des établissemens de ce genre ne pourra avoir lieu qu'après que les agens forestiers en résidence sur les lieux auront donné leur avis sur la question de savoir si la reproduction des bois dans le canton et les besoins des communes environnantes permettent d'accorder la permission

Colle-forte (fabrique de).
Cordes à instrument (fabrique de).
Cretonniers.
Cuirs vernis (fabrique de).
Glaces (fabrique de).
Equarrissage.
Echaudoirs.
Encre d'imprimerie (fabrique d').
Fourneaux (hauts-).

Les établissemens de ce genre ne sont autorisés qu'autant que les entrepreneurs auront rempli les formalités prescrites par la loi du 21 avril 1810, et par les instructions du Ministre de l'intérieur.

Indépendamment des formalités prescrites par le décret du 15 octobre 1810, la formation des fabriques de ce genre ne pourra avoir lieu qu'après que les agens forestiers en résidence sur les lieux auront donné leur avis sur la question de savoir si la reproduction des bois dans le canton et les besoins des communes environnantes permettent d'accorder la permission.

Goudron (fabrique de).
Huile de pied de bœuf (fabrique d').
— de poisson (fabrique d').
— de térébenthine et d'aspic (distillerie en grand).
— rousse (fabrique d').
Litharge (fabrication de la).
Massicot (fabrique de).
Ménageries.
Minium (fabrication du).
Noir d'ivoire et noir d'os (fabriques de), lorsqu'on n'y brûle pas la fumée.
Orseille (fabrique d').
Fours à plâtre permanens.

Indépendamment des formalités prescrites par le décret du 15 octobre 1810, la formation des fabriques de ce genre ne pourra avoir lieu qu'après que les agens forestiers en résidence sur les lieux auront donné leur avis sur la question de savoir si la reproduction des bois dans le canton et les besoins des communes environnantes permettent d'accorder la permission.

Pompes à feu ne brûlant pas la fumée.
Porcheries.
Poudrette.
Rouge de Prusse (fabrique de) à vases ouverts.
Sel ammoniac, ou muriate d'ammoniaque (fabrication du) par le moyen de la distillation des matières animales.
Soufre (distillation du).
Suif brun (fabrication du).
— en branche (fonderie du) à nu.
— d'os (fabrication du).

Sulfate d'ammoniaque (fabrication du) par le moyen de la distillation des matières animales.

— de cuivre (fabrication du) au moyen du soufre et du grillage.

— de soude (fabrication du) à vases ouverts.

Sulfures métalliques (grillage des), en plein air.

Tabac (combustion des côtes du) en plein air.

Taffetas cirés (fabrique de).

— et toiles vernis (fabrication des).

Tourbe (carbonisation de la) à vases ouverts.

Tripiers.

Tueries, dans les villes dont la population excède dix mille ames.

Vernis (fabrique de).

Verre, cristaux et métaux (fabriques de).

Indépendamment des formalités prescrites par le décret du 15 octobre 1810, la formation des fabriques de ce genre ne pourra avoir lieu qu'après que les agens forestiers en résidence sur les lieux auront donné leur avis sur la question de savoir si la reproduction des bois dans le canton, et les besoins des communes environnantes permettent d'accorder la permission.

DEUXIÈME CLASSE.

Etablissemens et ateliers dont l'éloignement des habitations n'est pas rigoureusement nécessaire, mais dont il importe néanmoins de ne permettre la formation qu'après avoir acquis la certitude que les opérations qu'on y pratique sont exécutées de manière à ne pas incommoder les propriétaires du voisinage, ni à leur causer des dommages. Pour former ces établissemens, l'autorisation du préfet sera nécessaire, sauf, en cas de difficulté, ou en cas d'opposition de la part des voisins, le recours au Conseil d'Etat.

Acier (fabriques d').

Acide muriatique (fabrication de l') à vases clos.

— muriatique oxigéné (fabrication de l').

— pyroligneux (fabriques d') lorsque les gaz sont brûlés.

Ateliers à enfumer les lards.

Blanc de plomb ou de céruse (fabrique du).

Bleu de Prusse (fabriques de), lorsqu'elles brûlent leur fumée et le gaz hydrogène sulfuré, etc.

Cartonniers.

Cendres d'orfèvres (traitemens des) par le mercure et la distillation des amalgames.

Cendres gravelées (fabrication des), lorsqu'on brûle la fumée.

Chamoiseurs.

Chandeliers.

Chapeaux (fabriques de).

Charbon de bois, fait à vases clos.

— de terre épuré, lorsqu'on travaille à vases clos.

Châtaignes (dessiccation et conservation des).
Chiffonniers.
Cires à cacheter (fabriques de).
Corroyeurs.
Couverturiers.
Cuirs verts (dépôt de).
Cuivre (fonte et laminage du).
Eau-de-vie (distillerie d').
Faïence (fabrique de).
Fonderie en grand au fourneau à réverbère.
Galons et tissus d'or et d'argent (brûleries en grand des).
Genièvre (distillerie de.
Goudron (fabrique de).
Hareng (saurage du).
Hongroyeur.
Huiles (épuration des) au moyen de l'acide sulfurique.
Indigoteries.
Maroquiniers.
Mégissiers.
Noir de fumée (fabrication du).
— d'ivoire et d'os (fabrication du) lorsqu'on brûle la fumée.
Or et argent (affinage de l') au moyen du départ et du fourneau à vent.
Os (blanchîment des) pour les éventaillistes et les boutonniers.
Papiers (fabriques de).
Parcheminiers.
Pipes à fumer (fabrication des).
Plomb (fonte du) et laminage de ce métal.
Poêliers fournalistes.
Porcelaine (fabrication de la).
Potiers de terre.
Rouge de Prusse (fabriques de) à vases clos.
Salaisons (dépôt de).
Sel ou muriate d'étain (fabrication du).
Sucre (raffineries de).
Suif (fonderie de) au bain-marie ou à la vapeur.
Sulfate de soude (fabrication du) à vases clos.
— de fer et de zinc (fabrication des), lorsqu'on forme ces sels de toutes pièces, avec l'acide sulfurique et les substances métalliques.
Sulfures métalliques (grillage des) dans les appareils propres à retirer le soufre, ou à utiliser l'acide sulfureux qui se dégage.
Tabac (fabriques de).
Tabatières en carton (fabrication des).
Tanneries.
Toiles (blanchîment des) par l'acide muriatique oxigéné.
Tourbe (carbonisation de la) à vases clos.
Tuileries et briqueteries.

TROISIÈME CLASSE.

Etablissemens et ateliers qui peuvent rester sans inconvénient auprès des habitations particulières, et pour la formation desquels il sera néanmoins nécessaire de se munir d'une permission, aux termes des articles 2 et 8 du décret du 15 octobre 1810, et de l'article 3 de la présente ordonnance.

Acétate de plomb (sel de Saturne) [fabrique de l'].
Battitures d'or et d'argent.
Blanc d'Espagne (fabriques de).
Bois dorés (brûleries des).
Boutons métalliques (fabrication des).
Borax (raffinage du).
Brasseries.
Briqueteries ne faisant qu'une seule fournée en plein air, comme on le fait en Flandre.
Buanderies.
Camphre (préparation et raffinage du).
Caractères d'imprimerie (fonderies des).
Cendres (laveurs de).
— bleues et autres précipitées du cuivre (fabrication des).
Ciriers.
Colles de parchemin et d'amidon (fabriques de).
Corne (travail de la) pour la réduire en feuilles.
Cristaux de soude (fabriques de), sous-carbonate de soude cristallisé.
Doreurs sur métaux.
Eau seconde (fabrication de l') des peintres en bâtimens; alcalis caustiques en dissolution.
Encre à écrire (fabrique d').
Essayeurs.
Fer-blanc (fabriques de).
Feuilles d'étain (fabrication des).
Fondeurs au creuset.
Fours à chaux ne travaillant pas plus d'un mois par année.
— à plâtre ne travaillant pas plus d'un mois par année.
Fromages (dépôts de).
Glaces (étamages des).
Laques (fabrication des).
Moulins à huile.
Ocre jaune (calcination de l') pour la convertir en ocre rouge.
Papiers peints et papiers marbrés (fabriques de).
Plombiers et fontainiers.
Plomb de chasse (fabrication du).
Pompes à feu brûlant leur fumée.
Potasse (fabriques de).
Potiers d'étain.
Sabots (ateliers à enfumer les).
Salpêtre (fabrication et raffinage du).
Savonnerie.
Sel de soude sec (fabrication du), sous-carbonate de soude sec.
Sel (raffinerie de).
Soude (fabrication de la), ou décomposition du sulfate de soude.

Sulfate de cuivre (fabrication du) au moyen de l'acide sulfurique et de l'oxide de cuivre ou du carbonate de cuivre.

— de potasse (raffinage du).

— de fer et d'alumine. Extraction de ces sels de matériaux qui les contiennent tout formés, et transformation du sulfate d'alumine en alun.

Tartre (raffinage du).

Teinturiers.

Teinturiers-dégraisseurs.

Tueries, dans les communes dont la population est au dessous de dix mille habitans.

Vacheries, dans les villes dont la population excède cinq mille habitans.

Vert-de-gris ou Verdet (fabrication du).

Viandes (salaison et préparation des).

Vinaigre (fabrication du).

L'accomplissement des formalités établies par le décret du 15 octobre 1810, et par notre présente ordonnance, ne dispense pas de celles qui sont prescrites pour la formation des établissemens qui seront placés dans le rayon des douanes et sur une rivière, qu'elle soit navigable ou non. Les réglemens à ce sujet continueront à être en vigueur.

Ordonnance portant que les fours à plâtre et à chaux cessent d'être compris dans la première classe des ateliers et manufactures qui répandent une odeur insalubre ou incommode.

Du 29 juillet 1818.

Louis, par la grace de Dieu, etc.,

Sur le rapport de notre Ministre secrétaire d'État au département de l'intérieur;

Vu le décret du 15 octobre 1810, relatif aux manufactures et ateliers qui répandent une odeur insalubre ou incommode;

Notre ordonnance du 14 janvier 1815 sur le même objet, et la nomenclature divisée en trois classes qui s'y trouve annexée;

Voulant accorder, pour la formation et le déplacement de celles desdites fabriques dont l'exploitation présente le moins d'inconvéniens, les facilités que nous a paru réclamer l'intérêt de l'industrie;

Notre Conseil d'État entendu,

Nous avons ordonné et ordonnons ce qui suit:

Art. 1er. A compter de la publication de la présente ordonnance, les fours à plâtre et les fours à chaux permanens cesseront d'être compris dans la première classe des ateliers et manufactures qui répandent une odeur insalubre ou incommode.

2. Ces mêmes fours feront désormais partie des établissemens de

deuxième classe; leur création en conséquence et leur déplacement ne seront soumis qu'aux formalités prescrites par l'article 7 du décret du 15 octobre 1810.

3. Toutes les permissions concernant des établissemens de la nature dont il s'agit, provisoirement accordées par notre Ministre secrétaire d'État de l'intérieur, depuis le 1er. janvier 1826, par suite d'instructions rendues en conformité des articles 3, 4 et 5 du décret du 15 octobre 1810, sont et demeurent confirmées.

4. Notre Ministre secrétaire d'État de l'intérieur est chargé de l'exécution de la présente ordonnance, qui sera insérée au *Bulletin des lois*.

Signé LOUIS.

Par le Roi,

Le Ministre secrétaire d'État de l'intérieur, signé LAINÉ.

ORDONNANCE *ayant pour objet de prévenir les dangers qui peuvent résulter de la fabrication et du débit des différentes sortes de poudres et matières détonantes et fulminantes.*

Du 25 juin 1823.

Louis, par la grace de Dieu, Roi de France et de Navarre, à tous ceux qui ces présentes verront, salut:

Sur le rapport de notre Ministre secrétaire d'Etat au département de l'intérieur,

Voulant prévenir les dangers qui peuvent résulter de la fabrication et du débit des différentes sortes de poudres et matières détonantes et fulminantes, sans empêcher néanmoins l'emploi de celles de ces préparations qui ont été reconnues propres, soit à amorcer des armes à feu, soit à faire des étoupilles, des allumettes ou autres objets du même genre, utiles aux arts;

Notre Conseil d'État entendu,

Nous avons ordonné et ordonnons ce qui suit:

Art. 1er. Les fabriques de poudres ou matières détonantes et fulminantes, de quelque nature qu'elles soient, et les fabriques d'allumettes, d'étoupilles ou autres objets du même genre préparés avec ces sortes de poudres ou matières, feront partie de la première classe des établissemens insalubres ou incommodes, dont la nomenclature est annexée à notre ordonnance du 14 janvier 1815.

2. Les préfets sont autorisés, conformément à l'article 5 de notre ordonnance précitée, à faire suspendre l'exploitation des fabriques désignées dans

l'article 1er., *qui auraient été établies jusqu'à ce jour* dans des emplacemens non isolés des habitations.

3. Les fabricans de poudres ou matières détonantes et fulminantes tiendront un registre, légalement coté et paraphé, sur lequel ils inscriront, jour par jour, de suite et sans aucun blanc les quantités fabriquées et vendues, ainsi que les noms, qualités et demeures des personnes auxquelles ils les auront livrées.

4. Les fabricans d'allumettes, étoupilles, et autres objets de la même espèce préparés avec des poudres ou matières détonantes et fulminantes, tiendront également un registre en bonne forme, sur lequel ils inscriront, au fur et à mesure de chaque achat, le nom et la demeure des fabricans qui leur auront vendu lesdites poudres ou matières.

5. Les marchands détaillans d'amorces pour les armes à feu à piston, et les marchands détaillans d'allumettes, d'étoupilles et autres objets du même genre préparés avec des poudres détonantes et fulminantes, ne sont point soumis aux formalités prescrites par l'article 1er.; mais ils seront tenus de renfermer ces différentes préparations dans des lieux sûrs et séparés, dont ils auront seuls la clef.

Il leur est défendu de se livrer à ce commerce sans en avoir préalablement fait leur déclaration par écrit, savoir : dans Paris, à la préfecture de police, et dans les communes, à la mairie, afin qu'il soit vérifié si leur local est convenablement disposé pour cet usage.

6. Les poudres et matières détonantes et fulminantes ne pourront être employées qu'à la fabrication des amorces propres aux armes à feu, des allumettes, des étoupilles, et autres objets d'une utilité reconnue.

7. Les contraventions aux dispositions prescrites par la présente ordonnance seront poursuivies devant les tribunaux de police, sur les procès-verbal ou rapports des agens de la police administrative et judiciaire.

8. Notre Ministre secrétaire d'État au département de l'intérieur est chargé de l'exécution de la présente ordonnance, qui sera insérée au *Bulletin des lois.*

Signé LOUIS.

Par le Roi,

Le Ministre secrétaire d'État de l'intérieur, signé CORBIÈRE.

ORDONNANCE *portant réglement sur les machines à feu à haute pression* (1).

Du 29 octobre 1823.

Louis, par la grace de Dieu, etc.;

Sur le rapport de notre Ministre secrétaire d'État au département de l'intérieur,

Notre Conseil d'État entendu,

Nous avons ordonné et ordonnons ce qui suit :

Art. 1er. Les machines à feu à haute pression ou celles dans lesquelles la force élastique de la vapeur fait équilibre à plus de deux atmosphères, lors même qu'elles brûleraient leur fumée, ne pourront être établies qu'en vertu d'une autorisation obtenue conformément au décret du 15 octobre 1810, pour les établissemens de deuxième classe.

Elles seront en outre soumises aux conditions de sûreté suivantes.

2. Lors de la demande en autorisation, les chefs d'établissemens seront tenus de déclarer à quel degré de pression habituel leurs machines devront agir.

Ils ne pourront dépasser le degré de pression déclaré par eux.

La pression sera évaluée en unités d'atmosphère, ou en kilogrammes, par centimètres carrés de surface exposée à la pression de la vapeur.

3. Les chaudières des machines à haute pression ne pourront être mises dans le commerce, ni employées dans un établissement sans que préalablement leur force ait été soumise à l'épreuve de la presse hydraulique.

Toute chaudière devra subir une pression cinq fois plus forte que celle qu'elle est appelée à supporter dans l'exercice habituel de la machine à laquelle elle est destinée.

Après l'épreuve et pour en constater le résultat, chaque chaudière sera frappée d'une marque indiquant, en chiffres, le degré de pression pour lequel elle aura été construite.

Les chefs d'établissemens ne pourront faire emploi d'une chaudière qu'autant qu'elle sera marquée d'un chiffre exprimant au moins une force égale au degré de pression annoncé dans leur déclaration.

4. Il sera adapté deux soupapes, une à chaque extrémité de la partie supérieure de chaque chaudière. Leur dimension et leur charge seront égales, et devront être réglées tant sur la grandeur de la chaudière que sur le degré de pression porté sur son numéro de marque, de telle sorte, toutefois, que le jeu d'une seule des soupapes suffise au dégagement de la vapeur, dans le cas où elle acquerrait une trop grande tension.

---

(1) Cette ordonnance a déjà été publiée dans le *Bulletin* de l'année 1823, page 349.

La première soupape restera à la disposition de l'ouvrier qui dirige le chauffage ou le jeu de la machine.

La seconde soupape devra être hors de son atteinte, et recouverte d'une grille dont la clef restera à la disposition du chef de l'établissement.

5. Il sera, en outre, adapté à la partie supérieure de chaque chaudière deux rondelles métalliques, fusibles aux degrés ci-après déterminés.

La première, d'un diamètre au moins égal à celui d'une des soupapes, sera faite en métal dont l'alliage soit de nature à se fondre ou à se ramollir suffisamment pour s'ouvrir à un degré de chaleur supérieur de 10 degrés centigrades au degré de chaleur représenté par la marque que doit porter la chaudière.

La seconde, d'un diamètre double de celui ci-dessus, sera placée près de la soupape de sûreté, et enfermée sous la même grille. Elle sera faite en métal dont l'alliage soit de nature à se fondre et à se ramollir suffisamment pour s'ouvrir à un degré de chaleur supérieur de 20 degrés centigrades à celui que représente la marque de la chaudière.

Ces rondelles seront timbrées d'une marque annonçant, en chiffres, le degré de chaleur auquel elles sont fusibles.

6. Une chaudière ne pourra être placée que dans un local d'une dimension au moins égale à vingt-sept fois son cube.

Ce local devra être éclairé au moins sur deux de ses côtés, par de larges baies de croisées fermées de châssis légers et ouvrant en dehors. Il ne pourra être contigu aux murs mitoyens avec les maisons voisines, et devra toujours être séparé, à la distance de 2 mètres, par un mur d'un mètre d'épaisseur au moins. Il devra aussi être séparé, par un mur de même épaisseur, de tout atelier intérieur. Il ne pourra exister d'habitation ni d'atelier au dessus de ce local.

7. Les ingénieurs des mines, dans les départemens où ils sont en résidence, et, à leur défaut, les ingénieurs des ponts et chaussées, sont chargés de surveiller les épreuves des chaudières et des rondelles métalliques. Ils les frapperont des marques dont les timbres leur seront remis à cet effet.

Lesdits ingénieurs s'assureront dans leurs tournées, au moins une fois par an, que toutes les conditions prescrites sont rigoureusement observées. Ils visiteront les chaudières, constateront leur état, et provoqueront la réforme de celles que le long usage ou une détérioration accidentelle leur ferait regarder comme dangereuses.

Les autorités chargées de la police locale exerceront une surveillance habituelle sur les établissemens pourvus de machines à haute pression.

En cas de contravention aux dispositions de la présente ordonnance, les chefs d'établissemens pourront encourir l'interdiction de leur établissement, sans préjudice des peines, dommages et intérêts qui seront prononcés par les tribunaux.

8. Notre Ministre secrétaire d'État au département de l'intérieur fera publier une Instruction sur les mesures de précaution habituelles à observer dans l'emploi des machines à haute pression.

Cette Instruction sera affichée dans l'enceinte des ateliers.

9. Notre Ministre secrétaire d'État au département de l'intérieur est chargé de l'exécution de la présente ordonnance, qui sera insérée au *Bulletin des lois.*

Signé LOUIS.

Le Ministre secrétaire d'État de l'intérieur, signé Corbière.

Ordonnance relative aux établissemens d'éclairage par le gaz hydrogène.

Du 20 août 1824.

Louis, par la grace de Dieu, etc.

Vu notre ordonnance du 10 septembre 1823, délibérée en notre Conseil d'Etat, sur le rapport du comité du contentieux, portant qu'il n'existe pas de classification légale pour les entreprises d'éclairage par le gaz hydrogène,

Vu le décret du 15 octobre 1810, et notre ordonnance du 14 janvier 1815,

Notre Conseil d'Etat entendu,

Nous avons ordonné et ordonnons ce qui suit :

Art. 1er. Tous les établissemens d'éclairage par le gaz hydrogène, tant les usines où le gaz est fabriqué, que les dépôts où il est conservé, sont rangés dans la seconde classe des établissemens incommodes, insalubres ou dangereux ; et néanmoins ils ne pourront être autorisés qu'en se conformant aux mesures de précaution portées dans l'Instruction annexée à la présente ordonnance, sans préjudice de celles qui pourront être ultérieurement ordonnées, si l'utilité en est constatée par l'expérience.

2. Les usines d'éclairage par le gaz hydrogène seront constamment soumises à la surveillance de la police locale.

3. Notre Ministre secrétaire d'État au département de l'intérieur est chargé de l'exécution de la présente ordonnance, qui sera insérée au *Bulletin des lois.*

Signé LOUIS.

Par le Roi,

Le Ministre secrétaire d'État au département de l'intérieur, signé Corbière.

Instruction sur les précautions exigées dans l'établissement de la manutention des usines d'éclairage par le gaz hydrogène.

§ Ier. *Conditions à imposer pour tout ce qui a rapport à la première production du gaz.*

1°. Les ateliers de distillation seront séparés des autres; ils seront couverts en matériaux incombustibles.

2°. Les fabricans seront tenus d'élever, jusqu'à 32 mètres, les cheminées de leurs fourneaux; la disposition de ces fourneaux sera aussi fumivore que possible.

3°. Il sera établi, au dessus de chaque système de fourneau, un tuyau d'appel horizontal, communiquant, d'une part, à la grande cheminée de l'usine, et, d'autre part, venant s'ouvrir au dessus de chaque cornue, au moyen d'une hotte de forme et de grandeur convenables, de telle sorte que la fumée sortant de la cornue lorsqu'on l'ouvre puisse se rendre par la hotte et le tuyau d'appel horizontal, dans la grande cheminée de l'usine.

4°. Les cornues seront inclinées en arrière, de manière que le goudron liquide ne puisse se répandre sur le devant au moment du défournement.

5°. Le coke embrasé sera reçu, au sortir des cornues, dans des étouffoirs placés le plus près possible des fourneaux.

§ II. *Conditions à imposer pour que la condensation des produits volatils et l'épuration du gaz ne nuisent pas aux voisins.*

1°. Il sera pratiqué, soit dans les murs latéraux, soit dans la toiture des ateliers de condensation et d'épuration, des ouvertures suffisantes pour y entretenir une ventilation continue et qui soit indépendante de la volonté des ouvriers qui y sont employés. Dans la visite des appareils, on ne devra faire usage que de lampes de sûreté.

2°. Les produits de la condensation et de l'épuration seront immédiatement transportés à la voirie, dans des tonneaux bien fermés, ou, mieux encore, ils seront vidés, soit dans les cendriers des fourneaux, soit sur le charbon de terre qui se brûle dans les foyers.

§ III. *Conditions à imposer pour éviter tout danger dans le service des gazomètres.*

1°. Les cuves dans lesquelles plongent les gazomètres seront toujours pratiquées dans le sol et construites en maçonnerie.

5.

Il sera placé à chaque citerne un tuyau de trop-plein, afin d'empêcher que, dans aucun cas, l'eau ne s'élève au dessus du niveau convenable.

2°. Chaque gazomètre sera muni d'un guide ou axe vertical; il sera suspendu au moyen de deux chaînes en fer, dont chacune aura été reconnue capable de supporter un poids au moins égal à celui du gazomètre.

3°. Il sera adapté à chaque gazomètre un tube de trop-plein, destiné à l'écoulement du gaz qui pourrait y être conduit par excès.

4°. Les bâtimens dans lesquels seront établis les gazomètres seront entièrement isolés, soit des autres parties de l'établissement, soit des habitations voisines. Il y sera pratiqué des ouvertures en tout sens et en assez grand nombre pour y entretenir une ventilation continue. Ils seront toujours surmontés d'un paratonnerre, et l'on ne devra y faire usage que de lampes de sûreté. Ces bâtimens seront en outre fermés à clef, et la garde de cette clef ne pourra être confiée qu'à un contre-maître habile et d'une fidélité éprouvée, et dans le cas seulement où le chef de l'établissement serait dans l'obligation de s'en dessaisir momentanément.

§ IV. *Conditions à imposer aux fabricans qui compriment le gaz dans des vases portatifs.*

1°. Ces vases ne pourront être que de cuivre rouge, de tôle ou de tout autre métal très ductile, qui se déchire plutôt qu'il ne se brise sous une pression trop forte.

2°. Ils seront essayés à une pression double de celle qu'ils doivent supporter dans le travail journalier.

ORDONNANCE *royale du* 9 *février* 1825.

Charles, par la grace de Dieu, etc.,

Sur le rapport de notre Ministre secrétaire d'État au département de l'intérieur;

Vu le décret du 15 octobre 1810 et les ordonnances des 14 janvier 1815, 29 juillet 1818, 25 juin et 2 avril 1823 et 20 août 1824,

Notre Conseil d'État entendu,

Nous avons ordonné et ordonnons ce qui suit:

Art. 1er. Sont rangés dans la première classe des établissemens dangereux, insalubres ou incommodes,

Les fabriques de toile cirée.

Les fabriques d'urate.

Les dépôts de matières provenant de la vidange des latrines ou des animaux, et destinées à servir d'engrais.

Les dépôts et les ateliers pour la cuisson ou dessiccation du sang des animaux, destiné à la fabrication du bleu de Prusse.

Les dépôts de chairs ou débris d'animaux; les ateliers ou les fabriques où ces matières sont préparées par la macération, ou desséchées, pour être employées à quelque autre fabrication.

Les fabriques de *dégras*, ou huile épaisse à l'usage des tanneurs.

Les voiries et dépôts de boues ou de toute autre sorte d'immondices.

Le travail en grand des résines, goudrons, galipots, arcansons, et de toute autre matière résineuse, soit pour la fonte et l'épuration de ces matières, soit pour en extraire la térébenthine.

2. Sont rangés dans la deuxième classe :

Les moulins à farine, dans les villes; les moulins à broyer le plâtre, la chaux et les cailloux.

Les fabriques de colle de peau de lapin.

Les ateliers pour la salaison et le saurissage des poissons.

Les fonderies à fourneaux à la Wilkinson.

Les dépôts d'huile de térébenthine et d'autres huiles essentielles, lesquels devront, en outre, être tenus isolés de toute habitation.

Les distilleries d'extrait d'absinthe.

Les fabriques de tôle vernie.

Les fabriques de bitume en planches.

3. Sont rangés dans la troisième classe :

Les fabriques de borax artificiel.

Les fabriques de fécule de pommes de terre.

L'extraction du sirop de la fécule de pommes de terre.

Les fabriques de chicorée-café.

La fabrication de la gélatine extraite des os.

Les ateliers de toiles peintes.

Les dépôts de charbon de bois dans les villes.

Les chantiers de bois à brûler, dans les villes.

Les fabriques de chromate de plomb.

Les fabriques de bougies de blanc de baleine.

Les ateliers pour le grillage des tissus de coton par le gaz (la surveillance de la police locale, établie par l'ordonnance du 20 août 1824, pour les ateliers d'éclairage par le gaz, est applicable aux ateliers pour le grillage).

L'établissement des lavoirs à laine.

4. Les fabriques d'acide nitrique (eau forte), où la décomposition du salpêtre par l'acide sulfurique a lieu dans des vases clos, au moyen de l'appareil de Woolf, sont comprises dans la deuxième classe.

5. Les ateliers à enfumer les sabots, dans lesquels il est brûlé de la corne

ou d'autres matières animales, dans les villes, sont compris dans la première classe.

6. L'affinage de l'or ou de l'argent par l'acide sulfurique est rangé dans la première classe quand les gaz dégagés pendant cette opération sont versés dans l'atmosphère; et il est placé dans la deuxième classe quand ces mêmes gaz sont condensés complétement.

7. La fusion du soufre pour le couler en canons, et l'épuration de cette matière par fusion ou décantation, sont comprises dans la deuxième classe.

La purification du soufre par distillation et la fabrication des fleurs de soufre restent placées dans la première classe.

8. Les dispositions de l'ordonnance du 14 janvier 1815, qui ont rangé les fabrications de noir d'os ou d'ivoire dans la première classe, lorsqu'on n'y brûle pas la fumée, et dans la troisième classe lorsque la fumée est brûlée, sont applicables à toute calcination d'os animaux, fabrication ou revivification de charbon animal.

9. La fabrication du chlore (acide muriatique oxigéné) et celle des chlorures alcalins (eau de Javelle) sont placées dans la deuxième classe quand ces produits sont employés dans les établissemens mêmes où ils sont préparés.

La fabrication en grand des chlorures alcalins destinés au commerce, aux fabriques et aux arts est rangée dans la première classe.

10. L'établissement des fabriques, ateliers, dépôts, compris dans les articles précédens ne pourra plus avoir lieu qu'après l'accomplissement des formalités déterminées par le décret du 15 octobre 1810 et l'ordonnance du 14 janvier 1815, suivant la classe à laquelle ils appartiennent.

11. Notre Ministre secrétaire d'Etat au département de l'intérieur est chargé de l'exécution de la présente ordonnance, qui sera insérée au *Bulletin des lois.*

Signé CHARLES.

Par le Roi,

Le Ministre secrétaire d'État au département de l'intérieur, signé CORBIÈRE.

Ordonnance royale du 5 *novembre* 1826.

Charles, par la grace de Dieu, etc.

Sur le rapport de notre Ministre secrétaire d'État de l'intérieur,

Vu le décret du 15 octobre 1810 et les ordonnances des 14 janvier 1815, 29 juillet 1818, 25 juin et 29 octobre 1823, 20 août 1824 et 9 février 1825;

Notre Conseil d'Etat entendu,

Nous avons ordonné et ordonnons ce qui suit :

Art. 1er. Le rouissage du chanvre en grand, par son séjour dans l'eau, est maintenu dans la 1re. classe des établissemens dangereux, insalubres ou incommodes, sous la dénomination suivante : *Routoirs servant au rouissage en grand du chanvre et du lin, par leur séjour dans l'eau.*

2. Sont rangées dans la même classe les fabriques de visières et de feutres vernis.

3. Sont rangés dans la deuxième classe :

Les forges de grosses œuvres, c'est à dire celles où l'on fait usage de moyens mécaniques pour mouvoir soit les marteaux, soit les masses soumises au travail.

Les fours à cuire les cailloux destinés à la fabrication des émaux.

Les raffineries de blanc de baleine.

Le blanchîment des tissus et des fils de laine et de soie, par le gaz ou l'acide sulfureux.

Les fabriques de phosphore.

Les dépôts de rogues.

4. Sont rangés dans la troisième classe :

Les fabriques d'acide acétique.

(Les fabriques d'acide pyroligneux continueront d'appartenir à la 1re. et à la 2e. classe, où les a placées l'ordonnance du 14 janvier 1815, suivant les procédés dont on y fait usage.)

Les fabriques d'acide tartareux.

Les fabriques de caramel en grand.

Le blanchîment des toiles et fils de chanvre, de lin et de coton par les chlorures alcalins.

Les fabriques de briquets phosphoriques et de briquets oxigénés.

Le lustrage des peaux.

5. Le blanchîment des toiles par l'acide muriatique oxigéné est maintenu dans la 2e. classe sous la désignation suivante : *blanchîment des toiles et fils de chanvre, de lin et de coton par le chlore.*

6. Les buanderies des blanchisseurs de profession et les lavoirs qui en dépendent sont rangés dans la 3e. classe quand ils ont un écoulement constant de leurs eaux, et dans la 2e. classe lorsque cette condition n'est pas remplie complétement.

7. L'établissement des fabriques, usines, ateliers, dépôts compris dans les articles qui précèdent, ne pourra plus avoir lieu qu'après l'accomplissement des formalités déterminées par le décret du 15 octobre 1810 et l'ordonnance du 14 janvier 1815, suivant la classe à laquelle ils appartiennent.

8. Notre Ministre secrétaire d'État au département de l'intérieur est

chargé de l'exécution de la présente ordonnance, qui sera insérée au *Bulletin des lois.*

Signé CHARLES.

Le Ministre secrétaire d'Etat de l'intérieur, signé CORBIÈRE.

ORDONNANCE *royale du 20 septembre 1828.*

Charles, par la grace de Dieu, etc.,

Sur le rapport de notre Ministre secrétaire d'État au département de l'intérieur,

Vu le décret du 15 octobre 1810, l'ordonnance royale du 14 janvier 1815;

Vu les ordonnances des 29 juillet 1818, 25 juin et 29 octobre 1823, 20 août 1824, 9 février 1825 et 5 novembre 1826;

Notre Conseil d'Etat entendu,

Nous avons ordonné et ordonnons ce qui suit:

Art. 1er. Les fabriques de sel ammoniac extrait des eaux de condensation du gaz hydrogène sont rangées dans la première classe des établissemens dangereux, insalubres ou incommodes.

2. Sont rangés dans la deuxième classe des mêmes établissemens et ateliers:

La carbonisation du bois à l'air libre, lorsqu'elle se pratique dans des établissemens permanens, et ailleurs que dans les bois et forêts, ou en rase campagne.

Les dépôts de chrysalides.

L'extraction de l'huile et des autres corps gras contenus dans les eaux savonneuses des fabriques.

Le dérochage du cuivre par l'acide nitrique.

Les battoirs à cuivre dans les villes.

Les usines à laminer le zinc.

Le secrétage des peaux ou poils de lièvre et de lapin.

3. Feront partie de la troisième classe des mêmes établissemens et ateliers:

Les tréfileries.

Les fabriques d'ardoises artificielles, et mastic de différens genres.

4. La durée des affiches et des publications pour les demandes en permission d'établir des verreries est décidément fixée à un mois, comme pour les autres demandes relatives à la formation d'établissemens dangereux, insalubres ou incommodes de la première classe, à laquelle continueront d'appartenir les fabriques de verres, cristaux et émaux, qui demeurent soumises

au régime du décret du 15 octobre 1810, et l'ordonnance du 14 janvier 1815.

5. La rédaction de l'article 8 de l'ordonnance de classification supplémentaire, du 9 février 1825, est rectifiée ainsi qu'il suit :

« Les dispositions de l'ordonnance du 14 janvier 1815, qui ont rangé la
» fabrication du noir d'os et d'ivoire dans la première classe lorsqu'on n'y
» brûle pas la fumée, et dans la seconde lorsque la fumée est brûlée, sont
» applicables à toute calcination d'os d'animaux, fabrication et revivification
» de charbon animal. »

6. La création et l'exploitation des établissemens, fabriques, usines, dépôts et ateliers compris dans les articles qui précèdent, restent soumises aux formalités prescrites par les décrets et ordonnances réglementaires des 15 octobre 1810 et 14 janvier 1815, suivant la classe à laquelle ils appartiennent.

7. Notre Ministre secrétaire d'Etat de l'intérieur est chargé de l'exécution de la présente ordonnance, qui sera insérée au *Bulletin des lois*.

Signé CHARLES.

Le Ministre secrétaire d'État de l'intérieur, signé DE MARTIGNAC.

ÉTAT GÉNÉRAL

PAR ORDRE ALPHABÉTIQUE ET PAR CLASSES

DES

ATELIERS ET ÉTABLISSEMENS

Qui, à raison de l'insalubrité, de l'incommodité, ou des dangers qui en résultent pour le voisinage, ne peuvent être formés spontanément et sans permission, soit qu'ils ne produisent qu'un de ces inconvéniens, soit qu'ils en réunissent plusieurs.

DÉSIGNATION DES ATELIERS ET ÉTABLISSEMENS insalubres, incommodes ou dangereux.	INDICATION SOMMAIRE de LEURS INCONVÉNIENS.	DATES DES DÉCRETS et ordonnances de classement.
ATELIERS ET ÉTABLISSEMENS DE PREMIÈRE CLASSE.		
Acide nitrique, *Eau-forte* (Fabrication de l')	Ne se fabrique plus d'après l'ancien procédé. *Voir* Acide nitrique, 2ᵉ. clas.	14 janvier 1815.
Acide pyroligneux (Fabriques d') lorsque les gaz se répandent dans l'air sans être brûlés.	Beaucoup de fumée et odeur empyreumatique très désagréable.	*Idem.*
Acide sulfurique (Fabrication de l')......	Odeur désagréable, insalubre et nuisible à la végétation.	*Idem.*
Affinage de l'or ou de l'argent par l'acide sulfurique, quand les gaz dégagés pendant cette opération sont versés dans l'atmosphère.	Dégagement de gaz nuisibles.	9 février 1825.
Affinage de métaux au fourneau à coupelle ou au fourneau à réverbère.	Fumée et vapeurs insalubres et nuisibles à la végétation.	14 janvier 1815.
Allumettes (Fabrication d') préparées avec des poudres ou des matières détonantes et fulminantes. *Voir* Poudres fulminantes.	Tous les dangers de la fabrication des poudres fulminantes.	25 juin 1823.
Amidonniers..........................	Odeur fort désagréable...............	14 janvier 1815.
Arcansons ou résines de pin (Travail en grand des), soit pour la fonte et l'épuration de ces matières, soit pour en extraire la térébenthine.	Danger du feu et odeur très désagréable.	9 février 1825.
Artificiers..........................	Danger d'incendie et d'explosion......	14 janvier 1815.
Bleu de Prusse (Fabriques de), lorsqu'on n'y brûle pas la fumée et le gaz hydrogène sulfuré.	Odeur désagréable, insalubre........	9 février 1825.

DÉSIGNATION DES ATELIERS ET ÉTABLISSEMENS insalubres, incommodes ou dangereux.	INDICATION SOMMAIRE de LEURS INCONVÉNIENS.	DATES DES DÉCRETS et ordonnances de classement.
Bleu de Prusse (Dépôts de sang des animaux destiné à la fabrication du). *Voir* Sang des animaux.	Odeur très désagréable, surtout si le sang conservé n'est pas à l'état sec.	9 février 1825.
Boues et immondices (Dépôts de). *Voir* Voiries.	Odeur très désagréable et insalubre...	*Idem.*
Boyaudiers	*Idem*	14 janvier 1815.
Calcination d'os d'animaux, lorsqu'on n'y brûle pas la fumée.	Odeur très désagréable de matières animales brûlées, portée à une grande distance.	9 février 1825.
Cendres d'orfèvre (Traitement des) par le plomb.	Fumée et vapeurs insalubres.........	14 janvier 1815.
Cendres gravelées (Fabrication des) lorsqu'on laisse répandre la fumée au dehors.	Fumée très épaisse et très désagréable par sa puanteur.	*Idem.*
Chairs ou débris d'animaux (les dépôts, les ateliers ou les fabriques où ces matières sont préparées par la macération, ou desséchées pour être employées à quelque autre fabrication).	Odeur très désagréable..............	9 février 1825.
Chanvre (Rouissage du), en grand par son séjour dans l'eau.	Exhalaisons très insalubres..........	14 janvier 1815.
Charbon animal (la fabrication ou la revivification du) lorsqu'on n'y brûle pas la fumée.	Odeur très désagréable de matières animales brûlées, portée à une grande distance.	9 février 1825.
Charbon de terre (Épurage du), à vases ouverts.	Fumée et odeur très désagréables.....	14 janvier 1815.
Chlorures alcalins, *Eau de Javelle* (Fabrication en grand des), destinés au commerce, aux fabriques.	Odeur désagréable et incommode quand les appareils perdent, ce qui a lieu de temps à autre.	9 février 1825.
Colle-forte (Fabriques de)............	Mauvaise odeur.....................	14 janvier 1815.
Cordes à instrumens (Fabriques de).....	Sans odeur, si les eaux de lavage ont un écoulement convenable, ce qui n'a pas lieu ordinairement.	*Idem.*
Cretonniers..........................	Mauvaise odeur et danger du feu.	*Idem.*
Cristaux (Fabriques de). *Voir* Verre......	Fumée et danger du feu.	*Idem.*
Cuirs vernis (Fabriques de)............	Mauvaise odeur et danger du feu......	*Idem.*
Débris d'animaux (Dépôts, etc. de). *Voir* Chairs.	Odeur très désagréable...............	9 février 1825.
Dégras ou huile épaisse à l'usage des tanneurs (Fabriques de).	Odeur très désagréable et danger d'incendie.	*Idem.*
Eau de Javelle (Fabrication de l'). *Voir* Chlorures alcalins.	Odeur désagréable et incommode quand les appareils perdent, ce qui a lieu de temps à autre.	*Idem.*

DÉSIGNATION des ateliers et établissemens insalubres, incommodes ou dangereux.	INDICATION SOMMAIRE de leurs inconvéniens.	DATES des décrets et ordonnances de classement.
Eau-forte (Fabrication de l'). *Voir* Acide nitrique, 2e. classe.	Odeur désagréable et incommode quand les appareils perdent, ce qui a lieu de temps à autre.	14 janvier 1815 et 9 février 1825.
Équarrissage..............................	Odeur très désagréable..................	14 janvier 1815.
Échaudoirs ou cuisson des abatis des animaux tués pour la boucherie.	Mauvaise odeur....................	*Idem.*
Émaux (Fabrique d'). *Voir* Verre.........	Fumée..............................	*Idem.*
Encre d'imprimerie (Fabriques d').......	Odeur très désagréable, et danger du feu.	*Idem.*
Engrais (les dépôts de matières provenant de la vidange des latrines ou des animaux, et destinées à servir d'). *Voir* Poudrette, Urate.	Odeur très désagréable et insalubre...	9 février 1825.
Étoupilles (Fabriques d') préparées avec des poudres ou matières détonantes et fulminantes. *Voir* Poudres fulminantes.	Tous les dangers de la fabrication des poudres fulminantes.	25 juin 1823.
Feutre vernis (Fabriques de). *Voir* Visières.	Crainte d'incendie, odeur désagréable.	5 novem. 1826.
Fourneaux (Hauts-). La formation de ces établissemens est régie par la loi du 21 avril 1810.	Fumée épaisse et danger du feu.........	14 janvier 1815.
Galipots ou résines de pin (Travail en grand des), soit pour la fonte et l'épuration de ces matières, soit pour en extraire la térébenthine.	Danger du feu et odeur très désagréable.	9 février 1825.
Gaz hydrogène. *Voir* Sel ammoniac extrait des eaux de condensation du gaz hydrogène.	....	20 sept. 1828.
Goudron (Fabrication du)..................	Très mauvaise odeur et danger du feu.	14 janvier 1815.
Goudron (Fabriques de) à vases clos........	Danger du feu, fumée et un peu d'odeur	9 février 1825.
Goudrons (travail en grand des), soit pour la fonte et l'épuration de ces matières, soit pour en extraire la térébenthine.	Odeur insalubre et danger du feu.....	*Idem.*
Huile de pied de bœuf (Fabriques d').....	Mauvaise odeur causée par les résidus.	14 janvier 1815.
Huile de poisson (Fabriques d').........	Odeur désagréable et danger du feu...	*Idem.*
Huile de térébenthine et huile d'aspic (Distillation en grand de l')	*Idem*..................................	*Idem.*
Huile épaisse à l'usage des tanneurs (Fabriques d'). *Voir* Dégras.	Odeur très désagréable et danger d'incendie.	9 février 1825.
Huile rousse (Fabriques d') extraite des cretons et débris de graisse, à une haute température.	*Idem*..................................	14 janvier 1815.

DESIGNATION des ateliers et établissemens insalubres, incommodes ou dangereux.	INDICATION SOMMAIRE de leurs inconvéniens.	DATES des décrets et ordonnances de classement.
Lin (Rouissage du). *Voir* Routoirs........	....	5 novem. 1826.
Litharge (Fabrication de la).............	Exhalaisons dangereuses.............	14 janvier 1815.
Massicot (Fabrication du), première préparation du plomb pour le convertir en minium.	*Idem*..............................	*Idem*.
Ménageries.............................	Danger de voir les animaux s'échapper des cages.	*Idem*.
Minium (Fabrication du) préparation de plomb pour les potiers, faïenciers, fabricans de cristaux, etc.	Exhalaisons moins dangereuses que celles du massicot.	*Idem*.
Noir d'ivoire et noir d'os (Fabrication du), lorsqu'on n'y brûle pas la fumée.	Odeur très désagréable de matières animales brûlées, portée à une grande distance.	*Idem*.
Orseille (Fabrication de l')...............	Odeur désagréable....................	*Idem*.
Os d'animaux (Calcination d'). *Voir* Calcination d'os.	Odeur très désagréable de matières animales brûlées, portée à une grande distance.	9 février 1825.
Porcheries.............................	Très mauvaise odeur et cris désagréables	14 janvier 1815.
Poudres ou matières détonantes et fulminantes (Fabriques de), la fabrication d'allumettes, d'étoupilles ou autres objets du même genre préparés avec ces sortes de poudres ou matières.	Explosion et danger d'incendie........	25 juin 1823.
Poudrette..............................	Très mauvaise odeur.................	14 janvier 1815.
Résines (Le travail en grand des), soit pour la fonte et l'épuration de ces matières, soit pour en extraire la térébenthine.	Mauvaise odeur et danger du feu.....	9 février 1825.
Résineuses (Le travail en grand de toutes les matières) soit pour la fonte et l'épuration de ces matières, soit pour en extraire la térébenthine.	*Idem*..............................	*Idem*.
Rouge de Prusse (Fabriques de) à vases ouverts.	Exhalaisons désagréables et nuisibles à la végétation, quand il est fabriqué avec le sulfate de fer (couperose verte)	14 janvier 1815.
Routoirs servant au rouissage en grand du chanvre et du lin, par leur séjour dans l'eau.	Émanations insalubres, infection des eaux.	14 janvier 1815 et 5 novemb. 1826
Sabots (Ateliers à enfumer les) dans lesquels il est brûlé de la corne ou d'autres matières animales, dans les villes.	Mauvaise odeur et fumée............	9 février 1825.
Sang des animaux, destiné à la fabrication du bleu de Prusse (Dépôts et ateliers pour la cuisson ou la dessiccation du).	Odeur très désagréable, surtout si le sang conservé n'est pas à l'état sec.	*Idem*.

DÉSIGNATION DES ATELIERS ET ÉTABLISSEMENS insalubres, incommodes ou dangereux.	INDICATION SOMMAIRE de LEURS INCONVÉNIENS.	DATES DES DÉCRETS et ordonnances de classement.
Sel ammoniac ou *Muriate d'ammoniaque* (Fabrication du) par le moyen de la distillation des matières animales.	Odeur très désagréable et portée au loin.	14 janvier 1815.
Sel ammoniac extrait des eaux de condensation du gaz hydrogène (Fabriques de).	Odeur extrêmement désagréable et nuisible, quand les appareils ne sont pas parfaits.	20 septem. 1828
Soufre (Fabrication des fleurs de)........	Grand danger du feu et odeur désagréable.	9 février 1825.
Soufre (Distillation du)..................	*Idem*...............................	14 janvier 1815.
Suif brun (Fabrication du)..............	Odeur très désagréable et danger du feu.	*Idem.*
Suif en branche (Fonderies de), à feu nu..	*Idem*...............................	*Idem.*
Suif d'os (Fabrication du)...............	Mauvaise odeur; nécessité d'écouler les eaux.	*Idem.*
Sulfate d'ammoniaque (Fabrication du), par le moyen de la distillation des matières animales.	Odeur très désagréable et portée au loin.	*Idem.*
Sulfate de cuivre (Fabrication du), au moyen du soufre et du grillage.	Exhalaisons désagréables et nuisibles à la végétation.	*Idem.*
Sulfate de soude (Fabrication du), à vases ouverts.	Exhalaisons désagréables, nuisibles à la végétation, et portées à de grandes distances.	*Idem.*
Sulfures métalliques (Grillage des), en plein air.	Exhalaisons désagréables et nuisibles à la végétation.	*Idem.*
Tabac (Combustion des côtes du), en plein air.	Odeur très désagréable................	*Idem.*
Taffetas cirés (Fabriques de).............	Danger du feu et mauvaise odeur.....	*Idem.*
Taffetas et toiles vernis (Fabriques de)....	*Idem*...............................	*Idem.*
Térébenthine (Travail en grand pour l'extraction de la). *Voir* Goudrons.	Odeur insalubre et danger du feu.....	9 février 1825.
Toile cirée (Fabriques de)...............	Danger du feu et mauvaise odeur.....	*Idem.*
Toiles vernies (Fabrication des). *Voir* Taffetas vernis.	*Idem*...............................	14 janvier 1815.
Tourbe (Carbonisation de la) à vases ouverts.	Très mauvaise odeur et fumée........	*Idem.*
Tripiers..................................	Mauvaise odeur et nécessité d'écoulement des eaux.	*Idem.*
Tueries, dans les villes dont la population excède 10,000 ames.	Danger de voir les animaux s'échapper, mauvaise odeur.	*Idem.*
Urate (Fabrication d'), mélange de l'urine avec la chaux, le plâtre et les terres.	Odeur désagréable...................	9 février 1825.

DÉSIGNATION des ateliers et établissemens insalubres, incommodes ou dangereux.	INDICATION SOMMAIRE de leurs inconvéniens.	DATES des décrets et ordonnances de classement.
Vernis (Fabriques de)..................	Très grand danger du feu et odeur désagréable.	14 janvier 1815.
Verre, cristaux et émaux (Fabriques de), ainsi que l'établissement des verreries proprement dites, usines destinées à la fabrication du verre en grand, demeurent soumis au régime du décret du 15 octobre 1810 et de l'ordonnance du 14 janv. 1815.	Grande fumée et danger du feu.......	14 janvier 1815 et 20 septem. 1828.
Visières et feutres vernis (Fabriques de)...	Odeur désagréable, crainte d'incendie.	5 novem. 1826.
Voiries et dépôts de boue ou de toute autre sorte d'immondices.	Odeur très désagréable et insalubre...	9 février 1825.
ATELIERS ET ÉTABLISSEMENS DE DEUXIÈME CLASSE.		
Absinthe (Distillerie d'extrait ou esprit d').	Danger d'incendie..................	9 février 1825.
Acide muriatique (Fabrication de l') à vases clos.	Odeur désagréable et incommode quand les appareils perdent, ce qui a lieu de temps à autre.	14 janvier 1815.
Acide muriatique oxigéné (Fabrication de l') *Voir* Chlore.	*Idem*..............................	*Idem*.
Acide muriatique oxigéné (Fabrication de l') quand il est employé dans les établissemens mêmes où on le prépare. *Voir* Chlore.	*Idem*..............................	9 février 1825.
Acide nitrique, *Eau-forte* (Fabrication de l'), par la décomposition du salpêtre au moyen de l'acide sulfurique, dans l'appareil de *Woolf*.	*Idem*..............................	*Idem*.
Acide pyroligneux (Fabriques d') lorsque les gaz sont brûlés.	Un peu de fumée et d'odeur empyreumatique.	14 janvier 1815.
Acier (Fabriques d').....................	Fumée et danger du feu.............	*Idem*.
Affinage de l'or ou de l'argent par l'acide sulfurique, quand les gaz dégagés pendant cette opération sont condensés.	Très peu d'inconvénient quand les appareils sont bien montés et fonctionnent bien.	9 février 1825.
Affinage de l'or ou de l'argent au moyen du départ et du fourneau à vent. *Voir* Or.	Cet art n'existe plus...............	14 janvier 1815.
Battoirs à écorce, dans les villes...........	Bruit, poussière et quelques dangers du feu.	20 septem. 1828
Blanc de baleine (Raffineries de).........	Peu d'inconvénient..................	5 novem. 1826.
Blanchiment des tissus et des fils de laine ou de soie par le gaz ou l'acide sulfureux.	Émanations insalubres...............	*Idem*.
Blanchiment des toiles et fils de chanvre, de lin et de coton, par le chlore.	Émanations désagréables............	14 janvier 1815 et 5 nov. 1826.
Bitume en planche (Fabriques de)........	Danger d'incendie..................	9 février 1825.
Blanc de plomb ou de céruse (Fabriques de).	Quelques inconvéniens, seulement pour la santé des ouvriers.	14 janvier 1815.

DÉSIGNATION DES ATELIERS ET ÉTABLISSEMENS insalubres, incommodes ou dangereux.	INDICATION SOMMAIRE de LEURS INCONVÉNIENS.	DATES DES DÉCRETS et ordonnances de classement.
Bleu de Prusse (Fabriques de), lorsqu'elles brûlent leur fumée et le gaz hydrogène sulfuré, etc.	Très peu d'inconvénient si les appareils sont parfaits, ce qui n'a pas lieu constamment.	14 janvier 1815.
Briqueteries. *Voir* Tuileries.............	Fumée abondante au commencement de la fournée.	*Idem.*
Buanderies des blanchisseurs de profession, et les lavoirs qui en dépendent, quand ils n'ont pas un écoulement constant de leurs eaux.	Odeur désagréable et insalubre.......	5 nov. 1826.
Calcination d'os d'animaux lorsque la fumée est brûlée.	Odeur toujours sensible, même avec des appareils bien construits.	9 février 1825 et 20 sept. 1828.
Carbonisation du bois à air libre, lorsqu'elle se pratique dans les établissemens permanens et ailleurs que dans les bois et forêts, ou en rase campagne.	Odeur et fumée très désagréables s'étendant au loin.	20 septem. 1828
Cartonniers............................	Un peu d'odeur désagréable..........	14 janvier 1815.
Cendres d'orfèvre (Traitement des) par le mercure et la distillation des amalgames.	Danger, à cause du mercure en vapeur dans l'atelièr.	*Idem.*
Cendres gravelées (Fabrication des) lorsqu'on brûle la fumée, etc.	Un peu d'odeur......................	*Idem.*
Céruse (Fabriques de). *Voir* Blanc de plomb.	Quelques inconvéniens seulement pour la santé des ouvriers.	*Idem.*
Chamoiseurs..........................	Un peu d'odeur......................	*Idem.*
Chandeliers..........................	Quelque danger de feu et un peu d'odeur	*Idem.*
Chapeaux (Fabriques de)..............	Buée et odeur assez désagréables; poussière noire occasionée par le battage après la teinture, et portée au loin.	*Idem.*
Charbon animal (Fabrication ou revivification du), lorsque la fumée est brûlée.	Odeur toujours sensible, même avec des appareils bien construits.	9 février 1825 et 20 sept. 1828.
Charbon de bois fait à vases clos..........	Fumée et danger du feu..............	14 janvier 1815.
Charbon de terre épuré, lorsqu'on travaille à vases clos.	Un peu d'odeur et de fumée..........	*Idem.*
Châtaignes (Dessiccation et conservation des)	Très peu d'inconvénient, attendu que c'est une opération de ménage.	*Idem.*
Chaux (Fours à) permanens.............	Grande fumée........................	29 juillet 1818.
Chiffonniers.........................	Odeur très désagréable et insalubre...	14 janvier 1815.
Chlore, *Acide muriatique oxigéné* (Fabrication du), quand ce produit est employé dans les établissemens mêmes où on le prépare.	Odeur désagréable et incommode quand les appareils perdent, ce qui a lieu de temps à autre.	9 février 1825.

DÉSIGNATION DES ATELIERS ET ÉTABLISSEMENS insalubres, incommodes ou dangereux.	INDICATION SOMMAIRE de LEURS INCONVÉNIENS.	DATES DES DÉCRETS et ordonnances de classement.
Chlorures alcalins, *Eau de Javelle* (Fabrication des), quand ces produits sont employés dans les établissemens mêmes où ils sont préparés.	Inconvéniens moindres que ceux indiqués à la 1re. classe, les produits étant moins abondans.	9 février 1825.
Chrysalides (Dépôts de)................	Odeur très désagréable..............	20 septem. 1828
Cire à cacheter (Fabriques de)..........	Quelque danger du feu...............	14 janvier 1815.
Colle de peau de lapin (Fabriques de)....	Un peu de mauvaise odeur...........	9 février 1825.
Corroyeurs..............................	Mauvaise odeur......................	14 janvier 1815.
Couverturiers...........................	Danger causé par le duvet de laine en suspension dans l'air, odeur d'huile rance et de vapeurs sulfureuses, quand les soufroirs sont mal construits.	*Idem.*
Cuirs verts (Dépôts de).................	Odeur désagréable et insalubre.......	*Idem.*
Cuivre (Fonte et laminage du)............	Fumée, exhalaisons insalubres et danger du feu.	*Idem.*
Cuivre (Dérochage du) par l'acide nitrique.	Odeur nuisible et désagréable........	20 septem. 1828
Eau-de-vie (distilleries d').............	Danger du feu.......................	14 janvier 1815.
Eaux savonneuses des fabriques. *Voir* Huile (Extraction de l') et des autres corps gras contenus dans les eaux savonneuses des fabriques.	....	20 septem. 1828
Faïence (Fabriques de).................	Fumée au commencement des fournées.	14 janvier 1815.
Fonderies au fourneau à la *Wilkinson*.....	Fumée et vapeur nuisibles............	9 février 1825.
Fondeurs en grand au fourneau à réverbère.	Fumée dangereuse, surtout dans les fourneaux où l'on traite le plomb, le zinc, le cuivre, etc.	14 janvier 1815.
Forges de grosses œuvres, c'est à dire celles où l'on fait usage de moyens mécaniques pour mouvoir, soit les marteaux, soit les masses soumises au travail.	Beaucoup de fumée, crainte d'incendie.	5 novem. 1826.
Fours à cuire les cailloux destinés à la fabrication des émaux.	Beaucoup de fumée..................	*Idem.*
Galons et tissus d'or et d'argent (Brûleries en grand des).	Mauvaise odeur.....................	14 janvier 1815.
Gaz hydrogène (Tous les établissemens d'éclairage par le), tant les usines où le gaz est fabriqué, que les dépôts où il est conservé.	Odeur désagréable et fumée pour les seuls ateliers, mais qui s'étendent aux environs de temps à autre.	20 août 1824.
Genièvre (Distilleries de)...........	Danger du feu......................	14 janvier 1815.
Hareng (Saurage du)....................	Mauvaise odeur.....................	*Idem.*

DÉSIGNATION des ateliers et établissemens insalubres, incommodes ou dangereux.	INDICATION SOMMAIRE de leurs inconvéniens.	DATES des décrets et ordonnances de classement.
Hongroyeurs	Mauvaise odeur	14 janvier 1815.
Huile (Extraction de l') et des autres corps gras contenus dans les eaux savonneuses des fabriques.	Mauvaise odeur et quelque danger du feu.	20 septem. 1828
Huile de térébenthine et autres huiles essentielles (Dépôts d'), doivent être isolés de toute habitation.	Danger du feu, d'autant plus grand, que l'huile peut se volatiliser dans les magasins, et que l'approche d'une lumière détermine l'inflammation.	9 février 1825.
Huiles (Épuration des) au moyen de l'acide sulfurique.	Danger du feu et mauvaise odeur produite par les eaux d'épuration.	14 janvier 1815.
Indigoteries	Cet art, qu'on avait essayé en France, n'y existe plus.	*Idem.*
Lard (Ateliers à enfumer le)	Odeur et fumée	*Idem.*
Lavoirs des blanchisseurs de profession. *Voir* Buanderies.		5 novem. 1826.
Liqueurs (Fabrication des)	Danger du feu	14 janvier 1815.
Machines à feu à haute pression, ou celles dans lesquelles la force élastique de la vapeur fait équilibre à plus de deux atmosphères, lors même qu'elles brûleraient complétement leur fumée. *Voir* Pompe à feu.	Fumée, attendu qu'il n'y en a jusqu'à présent aucune qui la brûle complétement; danger d'explosion des chaudières.	29 octob. 1828.
Maroquiniers	Mauvaise odeur	14 janvier 1815.
Mégissiers	*Idem*	*Idem.*
Moulins à broyer le plâtre, la chaux et les cailloux.	Bruit. Ce travail étant fait, par la voie sèche, a des inconvéniens graves pour la santé des ouvriers, et même un peu pour le voisinage. *Nota.* Le broiement des cailloux pourrait se faire par la voie humide.	9 février 1825.
Moulins à farine, dans les villes	Bruit et poussière	*Idem.*
Noir de fumée (Fabrication du)	Danger du feu	14 janvier 1815.
Noir d'ivoire et noir d'os (Fabrication du), lorsqu'on brûle la fumée.	Odeur toujours sensible, même avec des appareils bien construits.	*Idem.*
Or et argent (Affinage de l'), au moyen du départ et du fourneau à vent.	Cet art n'existe plus	*Idem.*
Os (Blanchîment des), pour les éventaillistes et les boutonniers.	Très peu d'inconvénient, le blanchîment se faisant par la vapeur et par la rosée.	*Idem.*
Papiers (Fabriques de)	Danger du feu	*Idem.*
Parcheminiers	Un peu d'odeur désagréable	*Idem.*

DÉSIGNATION DES ATELIERS ET ÉTABLISSEMENS insalubres, incommodes ou dangereux.	INDICATION SOMMAIRE de LEURS INCONVÉNIENS.	DATES DES DÉCRETS et ordonnances de classement.
Peaux de lièvre et de lapin. *Voir* Secrétage.	....	20 septem. 1828
Phosphore (Fabriques de)................	Crainte d'incendie..................	5 novem. 1826.
Pipes à fumer (Fabrication des)..........	Fumée comme dans les petites fabriques de faïence.	14 janvier 1815.
Plâtre (Fours à) permanens..............	Fumée considérable, bruit et poussière.	29 juillet 1818.
Plomb (Fonte du) et laminage de ce métal.	Très peu d'inconvénient.............	14 janvier 1815.
Poêliers-fournalistes.— Poêles et fourneaux en faïence et terre cuite (Fabrication des).	Fumée dans le commencement de la fournée.	*Idem.*
Poils de lièvre et de lapin. *Voir* Secrétage..	....	20 septem. 1828
Pompes à feu à basse pression ne brûlant pas la fumée. (Reportées implicitement, par l'ordonn. du 29 octobre 1823, dans la 2ᵉ. classe.) *Voir* Machine à feu.	Fumée par intervalles...............	14 janvier 1815.
Porcelaine (Fabrication de la)...........	Fumée dans le commencement du *petit feu* et danger d'incendie.	*Idem.*
Potiers de terre........................	Fumée au *petit feu*.................	*Idem.*
Rogues (Dépôts de salaisons liquides connues sous le nom de).	Odeur désagréable..................	5 novem. 1826.
Rouge de Prusse (Fabriques de) à vases clos.	Un peu d'odeur nuisible et un peu de fumée.	14 janvier 1815.
Salaison (Ateliers pour la) et le saurage des poissons.	Odeur très désagréable...............	9 février 1825.
Salaisons (Dépôts de)..................	Odeur désagréable..................	14 janvier 1815.
Secrétage des peaux ou poils de lièvre et de lapin.	Emanations fort désagréables.........	20 septem. 1828
Sel ou muriate d'étain (Fabrication du)...	Odeur très désagréable..............	14 janvier 1815.
Soufre (Fusion du), pour le couler en canons, et épuration de cette même matière par fusion ou décantation.	Grand danger du feu et odeur désagréable.	9 février 1825.
Sucre (Raffineurs de)...................	Fumée, buée et mauvaise odeur......	14 janvier 1815.
Suif (Fonderies de) au bain-marie ou à la vapeur.	Quelque danger du feu..............	*Idem.*
Sulfate de soude (Fabrication du) à vases clos.	Un peu d'odeur et de fumée.........	*Idem.*
Sulfates de fer et de zinc (Fabrication des), lorsqu'on forme ces sels de toutes pièces avec l'acide sulfurique et les substances métalliques.	Un peu d'odeur désagréable..........	*Idem.*

DÉSIGNATION DES ATELIERS ET ÉTABLISSEMENS insalubres, incommodes ou dangereux.	INDICATION SOMMAIRE de LEURS INCONVÉNIENS.	DATES DES DÉCRETS et ordonnances de classement.
Sulfures métalliques (Grillage des), dans les appareils propres à tirer le soufre et à utiliser l'acide sulfureux qui se dégage.	Un peu d'odeur désagréable..........	14 janvier 1815.
Tabac (Fabriques de)...................	Odeur très désagréable.............	*Idem.*
Tabatières en carton (Fabrication des)....	Un peu d'odeur désagréable et danger du feu.	*Idem.*
Tanneries................................	Mauvaise odeur......................	*Idem.*
Tissus d'or et d'argent (Brûleries en grand des). *Voir* Galons.	*Idem*.............................	*Idem.*
Toiles (Blanchîment des) par l'acide muriatique oxigéné.	Odeur désagréable..................	*Idem.*
Tôle vernie..............................	Mauvaise odeur et danger du feu......	9 février 1825.
Tourbe (Carbonisation de la) à vases clos..	Odeur désagréable..................	14 janvier 1815.
Tuileries et briqueteries.................	Fumée épaisse pendant le petit feu....	*Idem.*
Zinc (Usines à laminer le). L'instruction des demandes en établissement d'usines à fondre le zinc ou le minérai de zinc continue à être régie par la loi du 21 avril 1810.	Danger du feu et vapeurs nuisibles....	20 septem. 1828.
ATELIERS ET ÉTABLISSEMENS DE TROISIÈME CLASSE.		
Acétate de plomb, *Sel de Saturne* (Fabrication de l').	Quelques inconvéniens, mais seulement pour la santé des ouvriers.	14 janvier 1815.
Acide acétique (Fabrication de l')........	Peu d'inconvénient..................	5 novemb. 1826.
Acide tartareux (Fabrication de l').......	Un peu de mauvaise odeur...........	*Idem.*
Alcali caustique en dissolution (Fabrication de l'). *Voir* Eau seconde.	Très peu d'inconvénient.............	14 janvier 1815.
Ardoises artificielles et mastics de différens genres (Fabriques d').	Odeur désagréable; danger du feu....	20 septem. 1828.
Batteurs d'or et d'argent.................	Bruit..............................	14 janvier 1815.
Blanc d'Espagne (Fabriques de)..........	Très peu d'inconvénient.............	*Idem.*
Blanchîment des toiles et fils de chanvre, de lin ou de coton, par les chlorures alcalins.	Peu d'inconvénient..................	5 novem. 1826.
Bois dorés (Brûlerie des)...............	Très peu d'inconvénient, l'opération se faisant très en petit.	*Idem.*
Borax artificiel (Fabriques de)...........	Très peu d'inconvénient.............	9 février 1825.
Borax (Raffinage du)...................	*Idem*.............................	14 janvier 1815.
Bougies de blanc de baleine (Fabriques de).	Quelque danger d'incendie..........	9 février 1825.
Boutons métalliques (Fabrication des)....	Bruit..............................	14 janvier 1815.

DÉSIGNATION DES ATELIERS ET ÉTABLISSEMENS insalubres, incommodes ou dangereux.	INDICATION SOMMAIRE de LEURS INCONVÉNIENS.	DATES DES DÉCRETS et ordonnances de classement.
Brasseries.	Fumée épaisse quand les fourneaux sont mal construits, et un peu d'odeur.	14 janvier 1815.
Briqueteries ne faisant qu'une seule fournée en plein air, comme on le fait en Flandre.	Fumée abondante au commencement de la fournée.	*Idem.*
Briquets phosphoriques et briquets oxigénés (Fabriques de).	Danger d'incendie.	5 novemb. 1826
Buanderies.	Inconvéniens graves par la décomposition des eaux de savon, quand elles n'ont pas d'écoulement.	14 janvier 1815.
Buanderies des blanchisseurs de profession, et les lavoirs qui en dépendent, quand ils ont un écoulement constant de leurs eaux.	Peu d'inconvénient.	14 janvier 1815 et 5 nov. 1826.
Camphre (Préparation et raffinage du).	Odeur forte et quelque danger d'incendie.	14 janvier 1815.
Caractères d'imprimerie (Fonderies de).	Très peu d'inconvénient.	*Idem.*
Caramel en grand (Fabriques de).	Danger du feu, odeur désagréable.	5 novemb. 1826
Cendres (Laveurs de).	Très peu d'inconvénient.	14 janvier 1815.
Cendres bleues et autres précipités du cuivre (Fabrication des).	Aucun inconvénient, si ce n'est celui de l'écoulement au dehors des eaux de lavage.	*Idem.*
Chantiers de bois à brûler, dans les villes.	Danger du feu exigeant la surveillance de la police.	9 février 1825.
Chanvre (Rouissage du). *Voir* Routoirs.	Émanations insalubres, infection des eaux (fièvres).	14 janvier 1815 et 5 nov. 1826.
Charbon de bois, dans les villes (Les dépôts de).	Danger d'incendie, surtout quand les charbons ont été préparés à vases clos, attendu qu'ils peuvent prendre feu spontanément.	9 février 1825.
Chaux (Fours à) ne travaillant pas plus d'un mois par année.	Grande fumée.	14 janvier 1815.
Chicorée-café (Fabriques de).	Très peu d'inconvénient.	9 février 1825.
Chromate de plomb (Fabriques de).	*Idem.*	*Idem.*
Ciriers.	Danger du feu.	14 janvier 1815.
Colles de parchemin et d'amidon (Fabriques de).	Très peu d'inconvénient.	*Idem.*
Corne (Travail de la), pour la réduire en feuilles.	Un peu de mauvaise odeur.	*Idem.*
Cristaux de soude, *Sous-carbonate de soude cristallisé* (Fabrication de).	Très peu d'inconvénient.	*Idem.*
Dégraisseurs. *Voir* Teinturiers-dégraisseurs.	*Idem.*	*Idem.*

DÉSIGNATION DES ATELIERS ET ÉTABLISSEMENS insalubres, incommodes ou dangereux.	INDICATION SOMMAIRE de LEURS INCONVÉNIENS.	DATES DES DÉCRETS et ordonnances de classement.
Doreurs sur métaux....................	On a à craindre les maladies des doreurs, le tremblement, etc.; mais ce n'est que pour les ouvriers.	14 janvier 1815.
Eau seconde (Fabrication de l') des peintres en bâtimens, *Alcali caustique en dissolution.*	Très peu d'inconvénient............	*Idem.*
Encre à écrire (Fabriques d')...........	*Idem*............................	*Idem.*
Essayeurs............................	*Idem*............................	*Idem.*
Étain (Fabrication des feuilles d').......	Peu d'inconvénient, l'opération se faisant au laminoir.	*Idem.*
Fécule de pommes de terre (Fabriques de).	Mauvaise odeur provenant des eaux de lavage quand elles sont gardées.	9 février 1825.
Fer-blanc (Fabriques de)...............	Très peu d'inconvénient............	14 janvier 1815.
Fondeurs au creuset....................	Un peu de fumée..................	*Idem.*
Fromages (Dépôts de)...................	Odeur très désagréable.............	*Idem.*
Gaz (Ateliers pour le grillage des tissus de coton par le). La surveillance de la police locale établie par l'ordonnance du 20 août 1824, pour les ateliers d'éclairage par le gaz, est applicable aux ateliers pour le grillage.	Peu d'inconvénient, l'opération se faisant en petit.	9 février 1825.
Gélatine extraite des os (Fabrication de la) par le moyen des acides et de l'ébullition.	Odeur assez désagréable quand les matières ne sont pas fraîches.	*Idem.*
Glaces (Étamage des)...................	Inconvénient pour les ouvriers seulement, qui sont sujets au tremblement des doreurs.	14 janvier 1815.
Grillage des tissus de coton par le gaz (Ateliers de). *Voir* Gaz hydrogène.	Peu d'inconvénient, l'opération se faisant en petit.	9 février 1825.
Laques (Fabrication des)................	Très peu d'inconvénient............	14 janvier 1815.
Lavoirs à laine (Établissemens des).......	Doivent être placés sur les rivières et ruisseaux, au dessous des villes et villages.	9 février 1825.
Lustrage des peaux.....................	Très peu d'inconvénient............	5 novemb. 1826
Mastics. *Voir* Ardoises artificielles et mastics de différens genres.	....	20 septem. 1828
Moulins à huile........................	Un peu d'odeur et quelque danger du feu.	14 janvier 1815.
Ocre jaune (Calcination de l'), pour la convertir en ocre rouge.	Un peu de fumée..................	*Idem.*
Papiers peints et papiers marbrés (Fabriques de).	Danger du feu....................	*Idem.*

DÉSIGNATION des ateliers et établissemens insalubres, incommodes ou dangereux.	INDICATION SOMMAIRE de leurs inconvéniens.	DATES des décrets et ordonnances de classement.
Plâtre (Fours à) ne travaillant pas plus d'un mois par année.	Fumée, bruit et poussière............	14 janvier 1815.
Plomb de chasse (Fabrication du)........	Très peu d'inconvénient.............	*Idem.*
Plombiers et fontainiers..................	*Idem*.............................	*Idem.*
Pompes à feu à basse pression, brûlant leur fumée.	Jusqu'à présent ne la brûlent pas complétement.	*Idem.*
Potasse (Fabriques de)..................	Très peu d'inconvénient..............	*Idem.*
Potiers d'étain...........................	*Idem*.............................	*Idem.*
Précipité du cuivre (Fabrication de). *Voir* Cendres bleues.	*Idem*.............................	*Idem.*
Sabots (Ateliers à enfumer les)...........	Fumée.............................	*Idem.*
Salpêtre (Fabrication et raffinage du).....	Fumée et danger du feu............	*Idem.*
Savonneries.............................	Buée, fumée, et odeur désagréable....	*Idem.*
Sel (Raffineries de).....................	Très peu d'inconvénient.............	*Idem.*
Sel de Saturne (Fabrication du) *Voir* Acétate de plomb.	Quelques inconvéniens, mais seulement pour la santé des ouvriers.	*Idem.*
Sel de soude sec (Fabrication du). Sous-carbonate de soude sec.	Un peu de fumée....................	*Idem.*
Soude (Fabrication de la), ou décomposition du sulfate de soude.	Fumée.............................	*Idem.*
Sulfate de cuivre (Fabrication du), au moyen de l'acide sulfurique et de l'oxide de cuivre ou du carbonate de cuivre.	Très peu d'inconvénient............	*Idem.*
Sulfate de potasse (Raffinage du).........	*Idem*.............................	*Idem.*
Sulfates de fer et d'alumine; extraction de ces sels des matériaux qui les contiennent tout formés, et transformation du sulfate d'alumine en alun.	Fumée et buée......................	*Idem.*
Sirop de fécule de pommes de terre (Extraction du).	Nécessité d'écouler les eaux..........	9 février 1825.
Tartre (Raffinage du)....................	Très peu d'inconvénient.............	14 janvier 1815.
Teinturiers..............................	Buée et odeur désagréable quand les soufroirs sont mal construits.	*Idem.*
Teinturiers-dégraisseurs..................	Très peu d'inconvénient............	*Idem.*
Toiles peintes (Ateliers de)..............	Mauvaise odeur et danger du feu.....	9 février 1825.
Tréfileries..............................	Bruit, danger du feu................	20 septem. 1828
Tueries, dans les communes dont la population est au dessous de 10,000 habitans.	Danger de voir les animaux s'échapper, mauvaise odeur.	14 janvier 1815.

DÉSIGNATION DES ATELIERS ET ÉTABLISSEMENS insalubres, incommodes ou dangereux.	INDICATION SOMMAIRE de LEURS INCONVÉNIENS.	DATES DES DÉCRETS et ordonnances de classement.
Vacheries, dans les villes dont la population excède 5,000 habitans.	Mauvaise odeur.....................	14 janvier 1815.
Verdet (Fabrication du). *Voir* Vert-de-gris.	Très peu d'inconvénient............	*Idem.*
Vert-de-gris et Verdet (Fabrication du)..	*Idem*.............................	*Idem.*
Viandes (Salaison et préparation des)....	Légère odeur......................	*Idem.*
Vinaigre (Fabrication du)...............	Très peu d'inconvénient.............	*Idem.*

MADAME HUZARD (NÉE VALLAT LA CHAPELLE),
IMPRIMEUR DE LA SOCIÉTÉ D'ENCOURAGEMENT POUR L'INDUSTRIE NATIONALE,
RUE DE L'ÉPERON, N°. 7.

www.ingramcontent.com/pod-product-compliance
Ingram Content Group UK Ltd.
Pitfield, Milton Keynes, MK11 3LW, UK
UKHW022136260726
13993UKWH00003B/1477

9 782329 146942